Die Bibliothek der Technik
Band 197

Elektromagnetische Aktoren

Physikalische Grundlagen, Bauarten, Anwendungen

Klaus-Dieter Linsmeier
Achim Greis

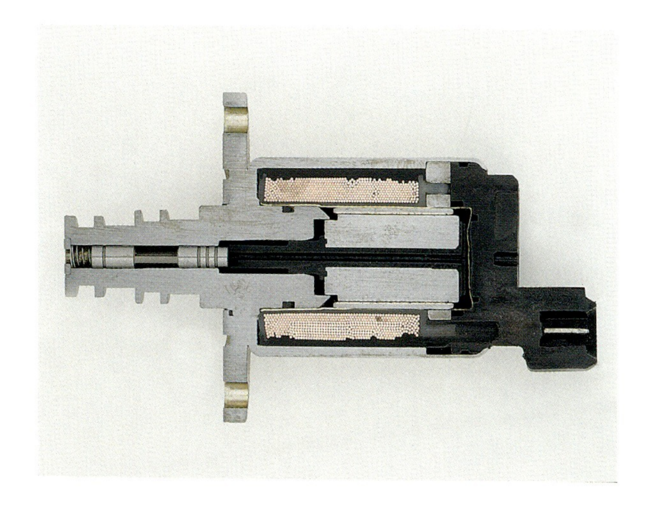

verlag moderne industrie

Dieses Buch wurde mit fachlicher Unterstützung
der THOMAS MAGNETE GMBH erarbeitet.

Die Deutsche Bibliothek – CIP-Einheitsaufnahme

Linsmeier, Klaus-Dieter:
Elektromagnetische Aktoren : physikalische Grundlagen, Bauarten,
Anwendungen / Klaus-Dieter Linsmeier ; Achim Greis.
[Thomas Magnete]. – 2., aktualisierte Aufl. –
Landsberg/Lech : Verl. Moderne Industrie, 2000
(Die Bibliothek der Technik ; Bd. 197)
ISBN 3-478-93224-6

Zweite, aktualisierte Auflage 2000

http://www.mi-verlag.de
Abbildungen: Nr. 4, 12 Kallenbach, Eberhard, Eick, Rüdiger,
Quendt, Peer: *Elektromagnete*, B. G. Teubner Verlag, Stuttgart, 1994;
Nr. 6, 21 Hydraulik Ring, Nürtingen; Nr. 13 Deutsche Bergbautechnik,
Wuppertal; Nr. 24 Innomotive Systems Europe, Bergneustadt;
Nr. 27 VOAC Hydraulics AB, Boras; Nr. 30 Siemens Automobiltechnik;
alle übrigen THOMAS MAGNETE, Herdorf
Satz: abc Media-Services GmbH, Buchloe
Druck: Himmer, Augsburg
Bindung: Thomas, Augsburg
Printed in Germany 930224
ISBN 3-478-93224-6

Inhalt

Vom Naturphänomen zur Spitzentechnik

Zu den technischen Bauteilen, die unser tägliches Leben unbemerkt begleiten, zählen elektromagnetische Aktoren (Abb. 1). Sie verriegeln Türen, wirken in Zusatzbremsen von Omnibussen oder geben Überrollbügel frei, wenn sich ein Cabriolet bei einem Unfall überschlägt. Auch im

Abb. 1: Proportionalmagnet

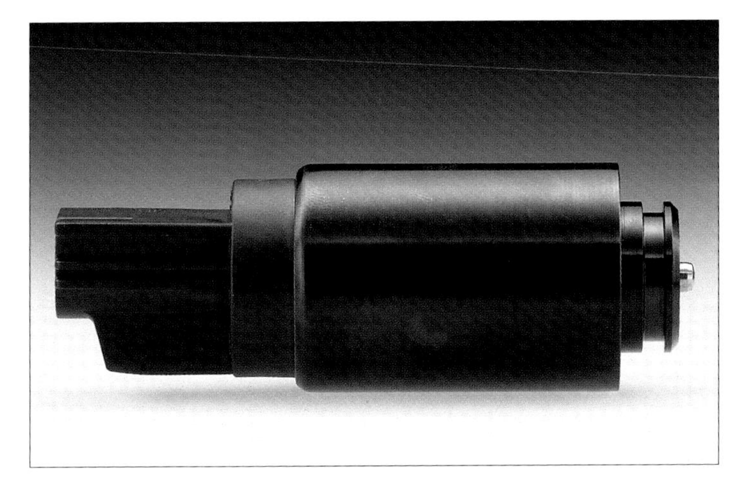

Arbeitsalltag sind sie allgegenwärtig, etwa in Land-, Forst- und Baumaschinen, wo sie Funktionen steuern helfen (Abb. 2). In den Fertigungsautomaten der Textilindustrie sind sie Teil der Webmechanismen. Das vorliegende Buch soll in die Technik und Anwendungen elektromagnetischer Aktoren einführen.

Elektromagnetische Aktoren wandeln elektrische Energie in mechanische Arbeit um. Dazu bedienen sie sich der Kräfte, die magnetische Felder auf magnetisierbare Substanzen ausüben. Diese Kräfte sind eines der am längsten

Abb. 2: Elektrohydraulische Ventile steuern oder regeln den Druck bzw. die Menge der Arbeitshydraulik in mobilen Arbeitsmaschinen.

bekannten physikalischen Phänomene. Nach manchen Berichten war der Magnetkompaß schon im 26. Jahrhundert vor Christus in China in Gebrauch; griechische Gelehrte erwähnten das Mineral Magnetit rund 800 Jahre vor Christus. Die theoretische Behandlung des Elektromagnetismus beginnt aber erst mit dem *Coulomb*schen Kraftgesetz (1785), mit der Beschreibung der Magnetostatik durch *Poisson* (um 1820) und der Entdeckung des Elektromagneten durch *Oersted* (1820). Nachdem *Faraday* im Jahr 1831 die elektromagnetische Induktion untersucht hatte, faßte *Maxwell* in einer Abhandlung aus dem Jahr 1873 die physikalischen Grundlagen aller elektromagnetischen Erscheinungen in den nach ihm benannten Gleichungen zusammen.

Wegbereiter der Technik

Der Magnetismus bildet die Grundlage der hier beschriebenen Aktoren, seien sie sehr einfach aufgebaut, vielleicht aus einem Anker, der sich zwischen zwei Positionen hin- und herbewegt und dabei einen Hebel verstellt, seien es Hochleistungsbauteile wie Stell- und

Grundlage Magnetismus

Regelglieder für komplexe Prozesse, die eine aufwendige Ansteuerelektronik erfordern. Schließlich lassen sich auch ganze Funktionseinheiten als Subsysteme aufbauen, in denen die Elektromagnete eine zentrale Rolle spielen. Damit ermöglichen sie die immer aktueller werdende Integration unterschiedlicher Technologien.

Marktforderungen

Um den Forderungen des Marktes zu genügen, müssen elektromagnetische Aktoren nach den modernsten Fertigungsmethoden hergestellt werden. Dazu gehören aufwendige Qualitätssicherungsmaßnahmen, die eine Null-Fehler-Herstellung gewährleisten, sowie neue Montageverfahren nach dem Prinzip der Ein-Stück-Fließfertigung mit autonomen, selbstüberwachenden Montagevorrichtungen und Prüfständen. Diese Methoden tragen dazu bei, daß die Produktpreise bei der geforderten Qualität den Kundenanforderungen entsprechen.

Die Physik des Elektromagneten

Ströme verursachen magnetische Kräfte

Der Magnetismus ist mit dem Phänomen des elektrischen Stroms eng verwandt. Tatsächlich haben beide ihre Ursache in der Bewegung elektrischer Ladungen. Auch eine stromdurchflossene Spule wirkt darum als Magnet, der eine anziehende oder abstoßende Kraft auf einen anderen Magneten ausübt und geeignete Materialien innerhalb des Wirkungskreises magnetisiert.

Das Magnetfeld

»Sichtbare« Magnetfelder

Eisenpulver, in der Nähe eines Dauermagneten oder einer stromdurchflossenen Spule auf einem Blatt Papier verstreut, ordnet sich zu Linien, die von einem Magnetpol zum anderen reichen. Durch dieses klassische Experiment entstand das Modell der Feldlinien, die zur Veranschaulichung des magnetischen Feldes dienen. Sie haben eine der Polarität entsprechende Richtung, und je dichter sie beieinander liegen, desto stärker ist das Feld. Natürlich ist dies nur ein Bild. Das magnetische Feld existiert an jedem Punkt im Wirkungsbereich nach Betrag und Richtung, nicht nur auf diesen Linien. Im Experiment ordnen sich die Eisenpartikel aber zu Linien an, weil das Feld sie zu kleinen Magneten macht, die sich entsprechend ihrer Polarität anziehen und somit verketten.

Im Unterschied zum elektrischen Feld ist das magnetische quellenlos, das heißt, magnetische Nord- und Südpole treten, anders als die elektrischen Elementarladungen, immer paarweise auf, und die Feldlinien haben weder Anfang noch Ende, sondern schließen sich im Innern

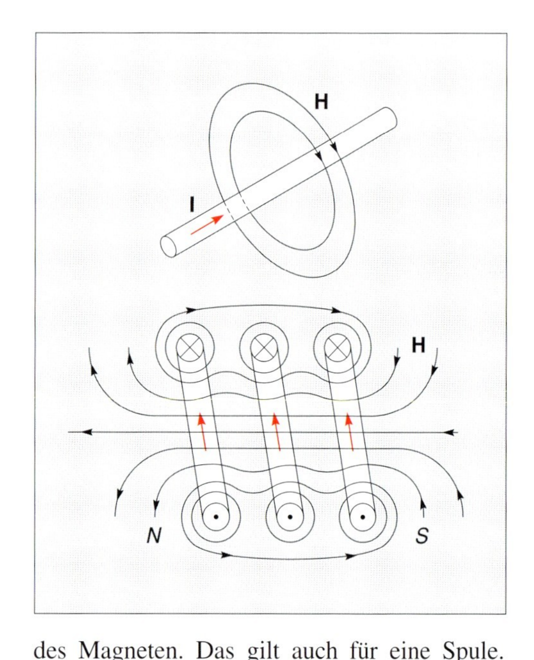

Abb. 3:
*Um einen stromdurchflossenen Leiter (**I**) bildet sich ein ringförmiges Magnetfeld (**H**) aus. Wickelt man ihn zu einer Spule auf, so überlagern sich die Felder der einzelnen Wicklungen zu dem Linienverlauf, der vom Magnetstab her bekannt ist.*

des Magneten. Das gilt auch für eine Spule.

Feldrichtung

Das Feld um einen stromdurchflossenen Leiter baut sich nach der *Rechte-Faust-Regel* auf: Zeigt der Daumen der rechten Hand in Stromrichtung, weisen die Finger in Richtung des Magnetfeldes, das den Leiter in konzentrischen Kreisen umschließt (Abb. 3). Wickelt man den Leiter zu einer Spule, überlagern sich die Einzelfelder zu geschlossenen Linien. Dort wo die Feldlinien eintreten, liegt definitionsgemäß der magnetische Südpol. Diese Festlegung gilt analog für Dauermagnete.

Feldstärke und Induktion

Die technische Beschreibung von Magneten bedient sich der Begriffe und Formelzeichen aus der Physik. Magnetfelder lassen sich durch zwei grundlegende Größen charakterisieren: die magnetische Feldstärke (Formelzeichen **H**) und die magnetische Induktion (**B**). Im Vakuum hängen **H** und **B** über die *magnetische*

Materie im Magnetfeld

Feldkonstante (μ_0) zusammen. Im materieerfüllten Raum, z.B. in einem Spulenkern aus Eisen, erhöht sich bei gleichbleibender äußerer Feldstärke die magnetische Induktion um die materialabhängige *relative Permeabilität* (μ_r):

$$\mathbf{B} = \mu_r \cdot \mu_0 \cdot \mathbf{H} = \mu \cdot \mathbf{H}$$

Magnetisierung

Permeabilität bedeutet Durchlässigkeit. Der Faktor μ gibt an, inwieweit die Dichte der Feldlinien durch Einbringen des Stoffes verringert oder verstärkt wird. Je nachdem wurde das Material magnetisiert; als Magnetisierung (**M**) bezeichnet man daher den Beitrag des Werkstoffes zur Feldstärke, also den Unterschied der Feldstärke im stofferfüllten Raum zu der im Vakuum.

Magnetische Materialien

Werkstoffe für Elektromagnete

Anhand der Durchlässigkeit lassen sich Werkstoffe in verschiedene Klassen einteilen: diamagnetische Stoffe schwächen das Feld (μ_r ist kleiner als 1), paramagnetische verstärken es leicht (μ_r ist größer oder gleich 1) und *ferromagnetische* verstärken es sehr stark (μ_r ist sehr viel größer als 1); *ferrimagnetische* haben eine vergleichbare, aber etwas schwächere Wirkung als ferromagnetische Materialien. Die letzten beiden Werkstoffklassen werden für technische Elektromagnete eingesetzt.

Diese Unterschiede hinsichtlich der magnetischen Durchlässigkeit entstehen schon auf atomarer Ebene und werden durch den Aufbau der jeweiligen Kristallgitter modifiziert. So gibt es den sogenannten Elektronenspin, vergleichbar der Eigenrotation der Erde um ihre Achse. Wird ein magnetisches Feld angelegt, orientieren sich die Elektronenachsen sozusagen wie Kompaßnadeln und verstärken jede für sich das Magnetfeld.

Während sich bei den magnetfeldschwächenden Stoffen dieser und andere Effekte gegenseitig aufheben, bleiben bei ferro- und ferrimagnetischen Materialien ausreichend gleich ausgerichtete Spinmomente übrig, um das Feld massiv zu verstärken. Der Unterschied zwischen beiden Typen ist lediglich darin begründet, daß es in ersteren bereits Bereiche parallel ausgerichteter Spins gibt, die sogenannten *Weissschen Bezirke*. Liegt nun ein äußeres Feld an, so wachsen zunächst diejenigen unter ihnen, die bereits die richtige Orientierung haben. Schließlich klappen ganze Bezirke ihre Orientierung um, bis das Material vollständig magnetisiert ist (Abb. 4). Man spricht dann von der Sättigung (B_S).

Spin und Magnetisierung

Abb. 4: Verschiebung der Weissschen Bezirke beim Aufmagnetisieren eines ferromagnetischen Materials

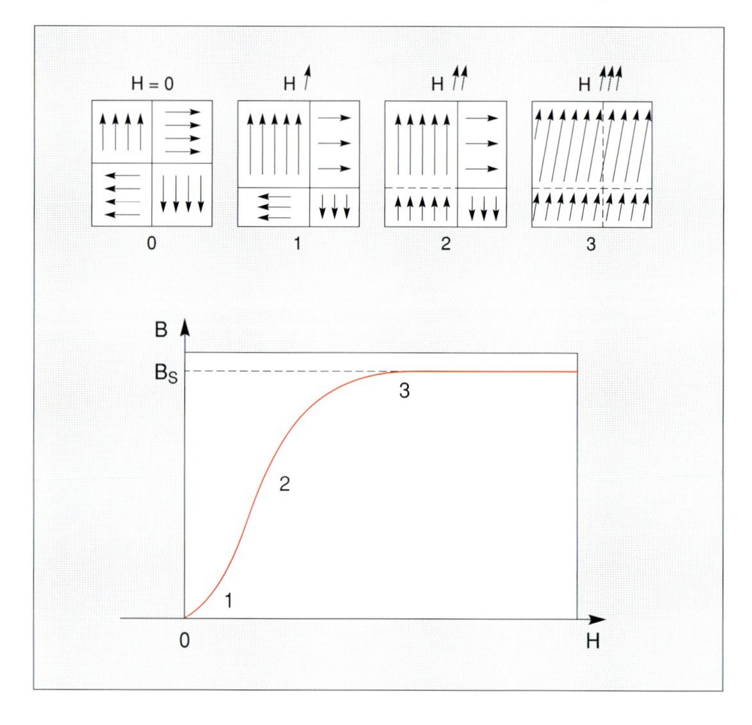

Diese Vorgänge sind nur möglich, weil die als Ferromagneten verwendeten Metallegierungen eine weitgehend einheitliche Gitterstruktur haben. Ferrimagnetische Werkstoffe dagegen bestehen aus verschiedenen, nur gesinterten Stoffen und weisen demnach keine einheitliche Gitterstruktur auf. In den jeweiligen Untergittern gibt es nichtkompensierte Spinmomente, die sich über den ganzen Kristall betrachtet aber teilweise wieder aufheben. Zudem sind die einzelnen Partikel zu klein, um die Ausbildung Weissscher Bezirke zu ermöglichen.

Legieren oder Sintern

Für technische Elektromagnete, also Spulen, die auf einen Kern aus geeignetem Material aufgewickelt werden, ist die Materialauswahl wichtig. Ferrimagnete sind als vorgeformtes Bauteil bei größeren Stückzahlen kostengünstiger herzustellen als Ferromagnete, weil sich ihre Konturen flexibler gestalten lassen. Aufgrund ihrer Struktur leiten sie auch den Strom schlechter und verursachen somit bei Wechselstrombetrieb kaum Energieverluste durch Wirbelströme, die das Material aufheizen und das magnetische Feld und damit die Magnetkraft schwächen. Gerade bei hochdynamischen Anwendungen können geeignete ferrimagnetische Materialien die Selbstinduktion unterdrücken.

Ferrimagnete für hohe Dynamik

Der elektromechanische Wandler

Ein elektromagnetischer Aktor – mit Ausnahme des Haftmagneten – besteht aus mindestens drei magnetischen Komponenten: einem zylinderförmigen, hohlen Magnetkörper, der aus Pol, Joch und Gehäuse aufgebaut ist, darin eingelassen eine Zylinderspule sowie ein zylinderförmiger Anker mit Führungsstange. Der Anker bewegt sich innerhalb des Magnet-

Bestandteile eines Aktors

körpers und wird auf der einen Seite im Pol, auf der anderen je nach Bauweise im Joch oder Gehäuse gelagert (Abb. 5).

Das von der Spule erzeugte Magnetfeld muß durch alle diese Komponenten hindurchtreten können, um auf den Anker eine Kraft auszuüben, die ihn in den Pol hineinzieht. Aller-

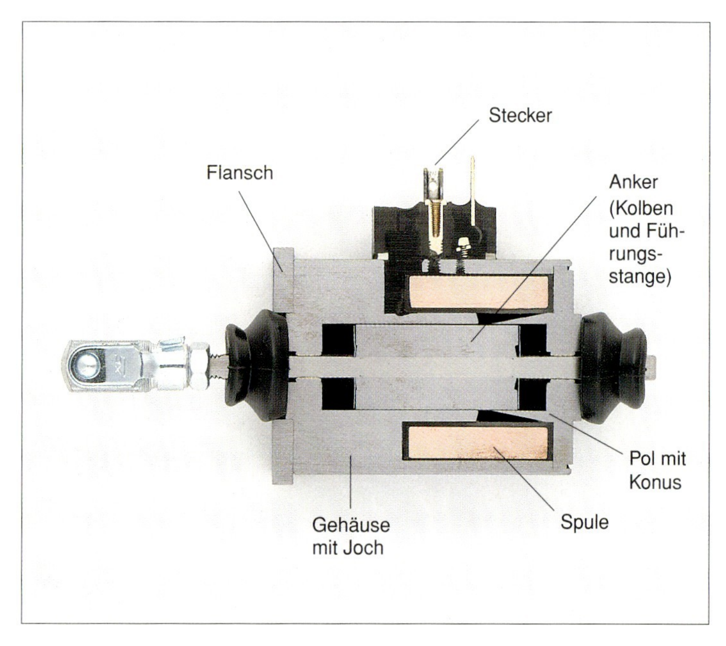

Abb. 5: Prinzipbild eines Schaltmagneten

dings funktioniert diese Anordnung nur dann, wenn der magnetische Fluß zwischen Pol und Joch unterbrochen ist. Ansonsten würde sich das Feld um die Spulen herum schließen und gar nicht erst in den Anker eintreten. Darf Luft in den Magneten eintreten, wird dazu ein ringförmiger Luftspalt eingefügt. Muß er aber

Druckdichte Ausführung

druckdicht abgeschlossen sein – etwa bei Einbau in Hydraulikkreisen –, wird ein Ring aus nichtmagnetischem Material eingebaut.

Ein solcher Aufbau wird als magnetischer Kreis bezeichnet und läßt sich mit dem elektrischen Stromkreis in vielerlei Weise vergleichen. So wird eine magnetische Spannung (U_m) zwischen zwei Punkten im Feld als integriertes Produkt von Feldstärke und Weg definiert:

Magnetische Spannung

$$U_m = \int \mathbf{H} \cdot ds$$

Ist dieser Weg geschlossen, d.h., ist der Endpunkt gleich dem Anfangspunkt, spricht man von der magnetischen Umlaufspannung (U_0). Das sogenannte *Durchflutungsgesetz* besagt nun, daß U_0 gleich der Summe der vom Weg des Linienintegrals eingeschlossenen, das Feld verursachenden elektrischen Ströme (I_n) ist:

Umlaufspannung

$$U_0 = \sum_n I_n$$

In einer Zylinderspule sind die Ströme in allen Wicklungen identisch. Demnach läßt sich der Betrag der Feldstärke (H) in Abhängigkeit von der Spulenlänge (l), der Stromstärke (I) und der Windungszahl (N) berechnen, der Betrag der magnetischen Induktion (B) ist um die Permeabilität (μ) größer:

Feldstärke der Zylinderspule

$$H = N \cdot \frac{I}{l}$$

Die Summe aller Induktionsfeldlinien, die durch eine Durchflutungsfläche (**A**) treten, ergibt den magnetischen Fluß (Φ) durch diese Fläche. Bei homogenen Feldern ist **Φ** demnach das Produkt aus der Induktion und der dazu senkrechten Fläche. Bei inhomogenen Feldern wird die Durchflutungsfläche in winzige Elemente (d**A**) unterteilt und der Fluß durch diese Flächenelemente aufsummiert:

Magnetischer Fluß

$$\Phi = \int \mathbf{B} \cdot d\mathbf{A}$$

Die Bedeutung von Φ erkennt man bei der Untersuchung einer Zylinderspule. Während sich die Induktion von Raumpunkt zu Raumpunkt ändert, bleibt der Fluß durch die Querschnittsfläche konstant und ist somit für den magnetischen Kreis charakteristisch. Bei konstanter Permeabilität ist der vom Spulenstrom erzeugte magnetische Fluß jederzeit dem Augenblickswert der Stromstärke (I) proportional:

Induktivität

$$\Phi = L \cdot I$$

Der Proportionalitätsfaktor ist durch die Abmessungen, die Form sowie die Permeabilität des magnetischen Kreises bestimmt und wird Induktivität (L) genannt.
Der magnetische Widerstand (R_m) ist definiert als Quotient aus der magnetischen Spannung und dem magnetischen Fluß:

Magnetischer Widerstand

$$R_m = \frac{U_m}{\phi}$$

Komponenten, die nacheinander von einem magnetischen Fluß durchdrungen werden, können analog in Reihe geschalteter elektrischer Widerstände als Serienschaltung berechnet werden. Der Gesamtwiderstand ist die Summe der Einzelwiderstände, und die Einzelspannungen addieren sich zur magnetischen Umlaufspannung. Dagegen addieren sich bei Parallelschaltungen, also verschiedenen Einzelkreisen mit einer gemeinsamen »Flußversorgung«, die Kehrwerte der magnetischen Widerstände, und die magnetischen Einzelflüsse heben sich an den Knotenpunkten der verschiedenen Kreise in der Summe auf.
Die Kraft (**F**) zwischen den Polen eines Elektromagneten läßt sich über die magnetische Feldenergie (W) berechnen. Einerseits ist die Energie gleich dem Integral des Produkts von

Feldstärke und magnetischer Induktion über das gesamte Volumen, andererseits gleich dem Wegintegral über die Kraft:

Feldenergie

$$W = \frac{1}{2} \int \mathbf{H} \cdot \mathbf{B} \, dV = \int \mathbf{F} \cdot ds$$

Betrachtet man beispielsweise die Induktion im Luftspalt zwischen Pol und Anker, so folgt nach Einsetzen aller Größen für den Betrag der Kraft auf den Anker:

$$F = \frac{1}{2} \Phi_{\text{Luftspalt}} \cdot H_{\text{Luftspalt}}$$

Indem das Feld den Anker in den Luftspalt hineinzieht, wird dieser kleiner. Weil damit auch der magnetische Widerstand des Luftspalts abnimmt, verringert sich die darin abfallende magnetische Spannung und die darin gespeicherte Energie.
Der Anker versucht sozusagen, den Energieinhalt im Luftspalt zu reduzieren. Dieses Phänomen läßt sich auch als Magnetkraft beschreiben, die proportional dem wirkenden Strom und der Änderung des magnetischen Flusses entlang des Hubes ist:

Magnetkraft

$$F = \frac{1}{2} \cdot N \cdot I \cdot \frac{d\Phi}{ds}$$

Diese für Betätigungsmagneten grundlegenden Betrachtungen gelten strenggenommen nur dann, wenn der Fluß trotz der geringen Permeabilität den Luftspalt durchfluten kann. In der Realität gibt es dort immer einen gewissen Streufluß, den es durch konstruktive Maßnahmen einzuschränken gilt.

Der Schaltmagnet

Bauformen

Hubmagnet

Oft reicht es, durch die Magnetkraft den Anker von einer Anfangs- in eine Endlage zu bewegen; dies entspricht dem Prinzip des Schaltmagneten. Die Endlage ist konstruktiv festgelegt, wobei der Anker auf dem Pol aufschlägt. Die Rückstellung solcher *Einfachhubmagnete* erfolgt durch äußere Kräfte, beispielsweise durch ein Gewicht oder eine Feder.
Der *Doppelhubmagnet* besteht funktionell aus zwei Einfachhubmagneten. Je nachdem, welche Erregerwicklung eingeschaltet wird, erfolgt die Bewegung des Ankers in die eine oder andere Richtung. Im stromlosen Zustand der Spule ist er durch die rückstellenden Kräfte in der Mittelstellung fixiert. Der *Umkehrhubmagnet* gleicht im Aufbau der vorigen Bauform, doch kann sich der Anker hier je nach eingeschalteter Erregerwicklung von einer Hubendlage zur gegenüberliegenden bewegen.

Haftmagnet

Zu den Elektromagneten zählt auch der Elektrohaftmagnet. Im einfachsten Fall besteht er aus einem topfförmigen Gehäuse und einer darauf aufliegenden Ankerplatte. Die Spule ist auf einem hohlen Kunststoffkern aufgewickelt, der Magnetkern hat die Form eines Topfes mit einem Zylinder in der Mitte, ähnlich einer Backform für Napfkuchen. Auf diesen Zylinder wird die Spule aufgeschoben.
Bei Bestromung zieht der Magnet die Platte an. Weil das System über kein Joch verfügt, wird der Magnetfluß erst über die Platte geschlossen. Das System arbeitet also solange im Streufeld, bis sich der Fluß bei verschwindend kleinem Luftspalt schließt und die Halte-

Schaltmagnet zur Nockenwellenverstellung
Hierbei handelt es sich um einen einfach aufgebauten Schaltmagneten, der die Aufgabe hat, bei einer durch die Motorelektronik festgelegten Motordrehzahl den Ventilschieber eines 4/2-Wege-Schaltventils zwischen den beiden Endlagen zu verstellen. Diese Verstellung führt dazu, daß ein im Kettenspanner integrierter Hydraulikzylinder die Spannung des Los- und Zugtrums der Steuerkette verändert und dadurch die Nockenwelle gegenüber der Kurbelwelle verdreht und die Ventilsteuerzeiten verändert.
Der Vorteil des Schaltmagneten liegt in seinem einfachen Aufbau und den dadurch niedrigen Herstellkosten. Er besteht aus fünf Hauptbauteilen (Gehäuse, Spule umspritzt, Kolben, Stößel und O-Ring), diese werden innerhalb kürzester Zeit zum kompletten Magneten montiert und geprüft (Abb. 6).
Der Magnet wird über seinen Befestigungsflansch direkt auf den Kettenspanner aufgeschraubt und sitzt je nach Verwendung außerhalb bzw. innerhalb des Zylinderkopfes. Bedingt durch diesen Einbauort ist er extremen Umgebungsbedingungen in bezug auf Temperatur und Vibration ausgesetzt.

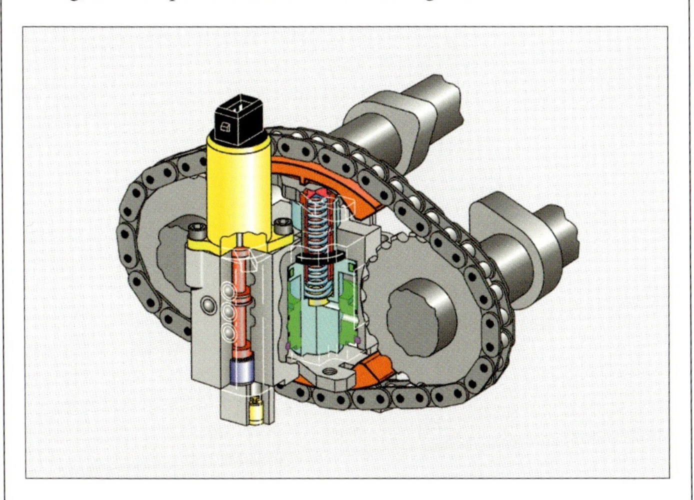

Abb. 6: Kettenspanner mit Schaltmagnet für Nockenwellenverstellung. Durch die Verdrehung der Nockenwelle gegenüber der Kurbelwelle verändern sich die Ventilsteuerzeiten.

kraft nach oben schnellt. Haftmagnete erfüllen im bestromten Zustand ihre Funktion und geben bei Stromunterbrechung frei, was immer sie zuvor gehalten haben. Nach diesem Prinzip arbeiten beispielsweise Türfeststeller in Hotels, Arretierungen für Steuerhebel an Maschinen oder die Magnete von Lasthebekränen auf dem Schrottplatz.

Kräfte und Kennlinien

Eigengewicht des Ankers

Als *Magnetkraft* (F) bezeichnet man die effektiv zur Verfügung stehende mechanische Kraft. Bei der Angabe einer *Hubkraft* ist berücksichtigt, daß der Anker ein Eigengewicht hat, das es zu bewegen gilt. Bei senkrechtem Einbau wirkt das Ankergewicht je nach Einbau- und Hubrichtung entweder unterstützend oder als zusätzliche Last. Die *Haltekraft* ist die Magnetkraft, die in der Hubendlage erreicht wird. Indem eine unmagnetische Antiklebscheibe zwischen Anker und Pol eingebracht wird, läßt sie sich beeinflussen. Die Haltekraft ist vergleichbar mit der Haftkraft beim Haftmagneten.

Die *Klebekraft* ist eine Haltekraft, die nach dem Ausschalten der Erregungsspannung bestehen bleibt – ein Effekt der Restmagnetisierung, der im allgemeinen unerwünscht ist. Die *Rückstellkraft* führt den Anker in seine Ausgangsposition zurück; dazu muß sie größer sein als die Summe aus Klebekraft, Reibung und eventuell Ankergewicht.

Verluste

Ein großer Teil der elektrischen Energie geht durch den ohmschen Widerstand der Wicklungen verloren, aber auch die Energie, die in eine Ankerbewegung umgesetzt wurde, steht für die Anwendung nicht vollständig zur Verfügung, denn die Reibung in Hubrichtung vernichtet Bewegungsenergie.

Es war nun schon mehrfach die Rede von der als Hub bezeichneten Bewegung des Ankers zwischen der Hubanfangslage (s_1) und der Hubendlage (s_2). Wie die Magnetkraft von der Ankerposition abhängt, ist charakteristisch für einen elektromagnetischen Aktor und wird als Kennlinie dargestellt, wobei der Nullpunkt des Koordinatensystems der Endlage entspricht (Abb. 7). Für die Form der Kurven gibt es drei Grundarten. Bei fallenden Kennlinien ist die Kraft anfangs sehr groß. Sie nimmt aber ab, je

Kennlinien-grundarten

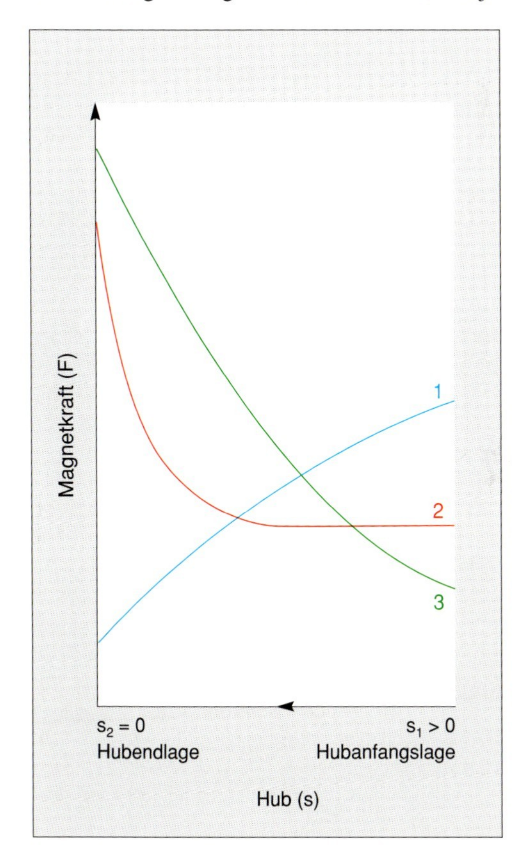

Abb. 7: Grundarten von Magnetkraft-Hub-Kennlinien: Man unterscheidet fallende (1), waagerechte (2) und ansteigende (3) Kurven.

näher der Anker der Endposition kommt. Dies ist erforderlich, wenn am Hubanfang ein größerer mechanischer Widerstand als am Hubende zu überwinden ist.

Darüber hinaus gibt es Magnete mit ansteigenden Kennlinien, die verdeutlichen, daß die Magnetkraft im Verlauf des Hubs immer höher wird. Insbesondere Magnete, die gegen eine Feder mit linearer (Rückstellkraft proportional zur Auslenkung) oder progressiver (Rückstellkraft wächst stärker an als die Auslenkung) Charakteristik arbeiten, müssen so ausgelegt werden. Möglich ist auch der waagerechte oder nur leicht fallende Verlauf, der beim Proportionalmagneten verwirklicht wird. Hier ist die Magnetkraft ganz oder nahezu unabhängig von der Position des Ankers.

Die mögliche Hubarbeit ergibt sich rechnerisch durch Integration der Magnetkraft über den Hub, von der Hubanfangs- bis zur Hubendlage. Sie setzt sich zusammen aus einem Anteil potentieller Energie (A_1), entsprechend der zu überwindenden Gegenkraft, und aus der Bewegungsenergie (A_2), die auf den Anker übertragen wird (Abb. 8). Als

Abb. 8: Die Hubarbeit entspricht der Fläche unter einer Kennlinie. Sie besitzt einen statischen (A_1) und einen dynamischen (A_2) Anteil. Bei konstanter Gegenkraft läßt sich A_1 durch eine horizontale Linie (links), bei veränderlicher durch eine steigende (rechts) annähern.

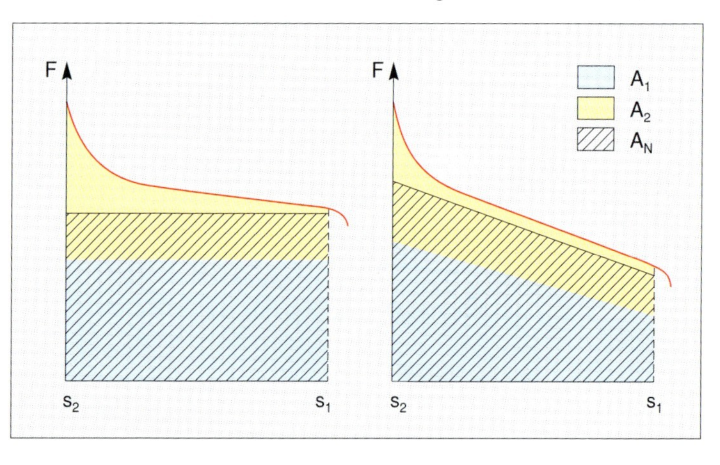

Nennhubarbeit (A_N) geben die Hersteller das Arbeitsvermögen des Magneten an. Das ist der tatsächlich ausnutzbare Bereich, der durch vereinfachte Flächen wie Rechtecke oder Trapeze dargestellt wird.

Arbeitsvermögen des Magneten

Schaltmagnet für Bremsassistent und ESP

Viele Autofahrerinnen und Autofahrer nutzen in Gefahrensituationen nicht die maximale Bremswirkung. Wird der Bremsweg knapp, treten sie zwar schnell, aber nicht ausreichend kräftig aufs Bremspedal. Der Bremsassistent gleicht dies aus. Liegt bei einem Bremsvorgang die Geschwindigkeit, mit der das Bremspedal betätigt wird, über einem bestimmten Wert,

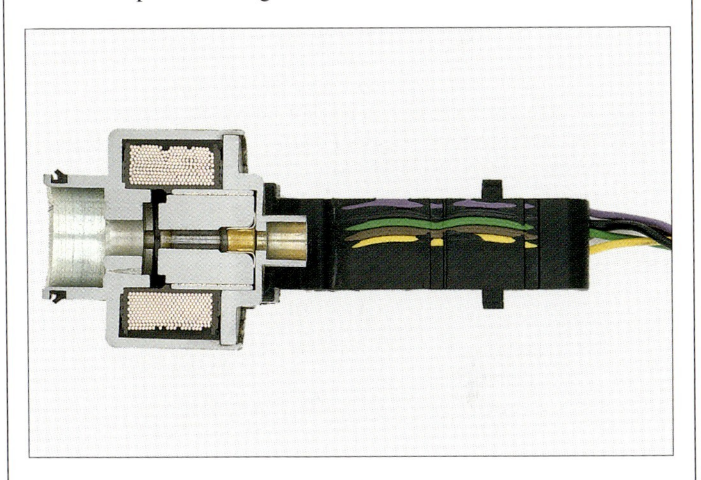

Abb. 9: Dieser Schaltmagnet steuert über ein federbeaufschlagtes Tellerventil den Bremsdruck im Bremskraftverstärker.

erhält ein speziell entwickelter Schaltmagnet (Abb. 9), der im Vakuumbereich des Bremskraftverstärkers eingesetzt wird, einen elektrischen Impuls. Durch diesen Impuls verschiebt der Magnetanker im Magneten eine Schiebehülse. Diese Schiebehülse öffnet ein federbeaufschlagtes Tellerventil im Bremskraftverstärker.

Der maximale Bremsdruck wird innerhalb von Sekundenbruchteilen erreicht, so daß der Fahrer ohne Anstrengung den kürzestmöglichen Bremsweg erzielt, sofern er den Fuß auf der Bremse hält.
Erst wenn der Fahrer das Bremspedal fast vollständig zurücknimmt, wird die Stromzufuhr unterbrochen, und der Anker wird über die Schiebehülse in die Ausgangsposition zurückgeschoben. Dadurch wird vermieden, daß das Fahrzeug ungewollt bis zum Stillstand bremst. Die Vorteile des hier eingesetzten Schaltmagneten liegen bei seiner geringen Baugröße und bei der hohen Kraft.
Eine Weiterentwicklung des Magneten findet auch Einsatz im Elektronischen Stabilitätsprogramm (ESP). Während der Bremsassistent nur bei Vollbremsung reagiert, kann ESP dem Fahrer in kritischen Fahrsituationen aktiv helfen, auch wenn die Bremse nicht bedient wird. So werden z.B. die zu schnell angefahrene Kurve, das Ausweichen vor Hindernissen, die Instabilität des Autos bei Wasser- oder Eisglätte durch das vom ESP-System automatisch gesteuerte, gezielte Abbremsen der einzelnen Räder leichter beherrschbar.

Kennwerte der elektrischen Versorgung und der Temperatur

Nennspannung

Fließen in der Erregerwicklung Gleichströme, also solche ohne Polaritätsumkehr, sind alle Angaben der Hersteller zu Strom und Spannung arithmetische Mittelwerte. Entsprechende Regelungen enthalten die *VDE-Richtlinien 0175* für Nennspannungen unter und *0176* für solche über 100 Volt. Die Werte an den Klemmen des eingeschalteten Geräts dürfen um nicht mehr als +6 bis –10 Prozent von den Nennspannungen abweichen.

Nennstrom

Der Nennstrom bezieht sich auf die Nennspannung und eine Temperatur der Wicklungen von 20 Grad Celsius. Diese Festlegung ist erforderlich, weil der ohmsche Widerstand temperaturabhängig ist. Das Produkt aus Strom- und Spannungswert gibt die momentan vom Magneten aufgenommene elektrische Leistung an.

Energie sparen

Eine *Energiesparschaltung* nutzt den Effekt, daß die Haltekraft ein Mehrfaches der Magnetkraft beträgt (siehe Abb. 7: Kennlinien 2 und 3). Beaufschlagt man den Magneten mit der Nennspannung, kommt der Anker in die Hubendlage. In dieser läßt sich die Leistung wesentlich reduzieren.

Kühlen und …

Die Wicklungen des Elektromagneten erwärmen sich im Betrieb, Temperaturgrenzen müssen daher eingehalten werden. Durch konstruktive Maßnahmen oder Kühlmittel gelingt es, Wärme von der Wicklung abzuführen. Ändert sich die Temperatur im Laufe einer Betriebsstunde höchstens um ein Grad Celsius, ist näherungsweise ein Gleichgewicht zwischen Wärmeerzeugung und -abfuhr erreicht. Die Temperatur des Geräts zu diesem Zeitpunkt heißt *Beharrungstemperatur*.

Die *Bezugstemperatur* ist die Beharrungstemperatur im stromlosen Zustand. Sie kann sich von der Umgebungstemperatur unterscheiden, beispielsweise beim Anbau eines Hubmagneten an ein von betriebswarmem Öl durchflossenes Ventil. Wenn nichts anderes angegeben wird, gilt stets 40 Grad Celsius als Bezugstemperatur.

Der Temperaturunterschied zwischen dem Gerät und dem Kühlmittel heißt *Übertemperatur*. Die Summe aus Bezugs- und Übertemperatur ist ein Charakteristikum des betriebswarmen Zustandes. Schließlich gibt es eine obere und eine untere *Grenztemperatur* sowie eine maximale Übertemperatur, die sogenannte *Grenzübertemperatur*. Die Höhe dieser Temperaturen ergibt sich aus der Dauerwärmebeständigkeit der Isolierstoffe und aus der Kühlungsart.

Tab. 1: Isolierstoffe werden entsprechend ihrer Beständigkeit unter dauernder Temperaturbelastung in Klassen eingeteilt. Für Elektromagnete verwendet man meist die Isolierstoffklasse F.

Isolier-stoff-klasse	Grenz-temperatur °C	Grenzüber-temperatur °C
Y	90	50
A	105	65
E	120	80
B	130	90
F	155	115
H	180	140
C	> 180	> 140

… isolieren

Im allgemeinen werden die Geräte mit Materialien der *Isolierstoffklasse* F ausgestattet, so daß eine Grenzübertemperatur von 115 Grad Celsius und eine Grenztemperatur von 155 Grad Celsius zulässig sind. Für bestimmte Anwendungszwecke sind mit Materialien der Isolierstoffklasse H auch Grenzübertemperaturen von 140 Grad Celsius und bei Isolierstoffklasse C größer als 140 Grad Celsius möglich (Tab. 1). Die Kühlung des Magneten erfolgt im allgemeinen über die Verbindung mit dem übergeordneten System, ansonsten – dann allerdings um einiges schlechter – über die Umgebungsluft.

Zeitbegriffe

Mit dem Strom »spielen«

Mit einem *Arbeitsspiel* wird ein vollständiger Ein- und Ausschaltvorgang bezeichnet, die *Schaltzahl* gibt die Anzahl der Arbeitsspiele und die *Schalthäufigkeit* die Schaltzahl je Stunde an. Während eines Arbeitsspiels können mehrere Zeitintervalle unterschieden werden (Abb. 10). Zunächst ist die *Einschaltdauer* als die Zeit zwischen Ein- und Ausschalten des Erregerstromes definiert, die *stromlose Pause* schließt sich daran an und endet mit dem erneuten Einschalten. Die Summe beider Zeit-

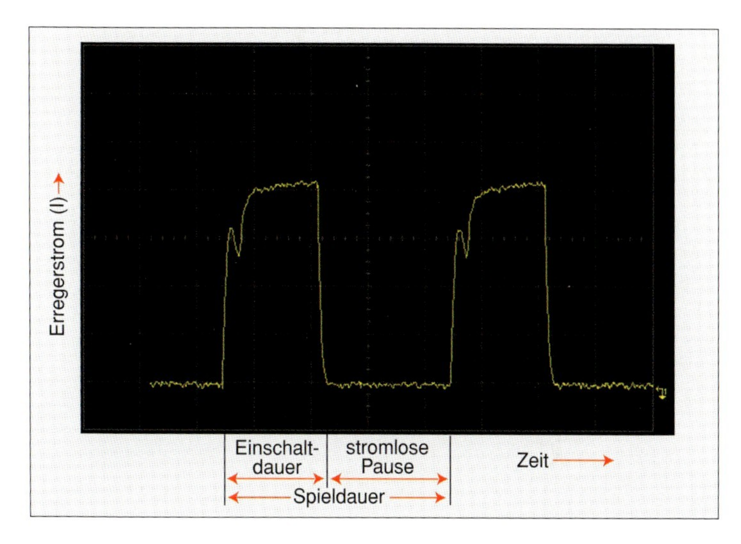

Abb. 10:
Die Einschaltdauer ist die Zeit zwischen dem Ein- und Ausschalten des Erregerstromes.

angaben wird als *Spieldauer* bezeichnet. Eine Aneinanderreihung verschiedener Spieldauern, sei sie einmalig oder periodisch wiederkehrend, heißt *Spielfolge*. Die *relative Einschaltdauer* (ED) ist das Verhältnis von Einschaltdauer zu Spieldauer und wird in Prozent angegeben.

Betriebsarten

Ist die Einschaltdauer so lang, daß die Beharrungstemperatur erreicht wird, spricht man vom *Dauerbetrieb*. Unterbrechen dagegen immer wieder stromlose Pausen den eingeschalteten Zustand, liegt entweder der *Aussetzbetrieb* oder der *Kurzzeitbetrieb* vor. Beim Aussetzbetrieb ist die Pause so kurz, daß sich das Gerät nicht wieder auf die Bezugstemperatur abkühlen kann. Im Kurzzeitbetrieb reicht die Einschaltdauer nicht aus, um die Beharrungstemperatur zu erreichen. Das Gerät kühlt immer wieder auf die Bezugstemperatur ab. Der Hersteller hat aufgrund der relativen Einschaltdauer die Möglichkeit, den kleinstmöglichen Magneten für

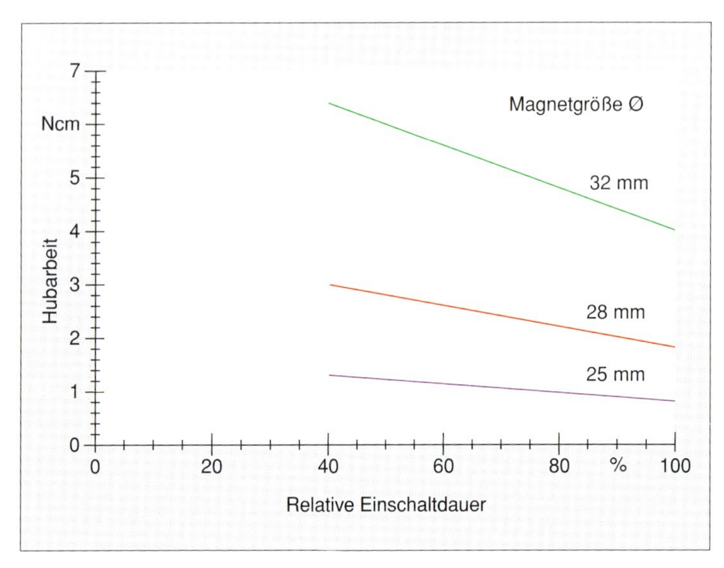

Abb. 11: Benötigt ein Anwender den Magneten nicht für 100 % Einschaltdauer, läßt sich evtl. eine kleinere Baugröße wählen, die die gleiche Hubarbeit durch höhere elektrische Leistungsaufnahme erreicht.

den Anwender auszuwählen: Im Aussetzbetrieb kann sich bei ausreichend langer stromloser Pause die Wicklung so weit abkühlen, daß sich die Leistungsaufnahme über das normale Maß einer gegebenen Baugröße steigern läßt (Abb. 11).

Einschalten

Wie der dynamische Verlauf von Strom, Spannung und Hub während eines Schaltvorgangs zeigt, können auch hier mehrere Phasen unterschieden werden (Abb. 12). Weil das Magnetfeld sich beim Einschalten des Erregerstromes erst aufbauen muß, bis die erzeugte Kraft ausreicht, die äußere Gegenkraft und die Trägheit des Ankers zu überwinden, vergeht Zeit bis zum Beginn der Ankerbewegung. Man spricht deshalb vom *Ansprechverzug* (t_{11}). Von der Anfangs- bis zur Endlage benötigt der Anker dann die *Hubzeit* (t_{12}). Die Summe beider Zeitspannen ist die *Anzugszeit* (t_1). Dementsprechend heißt die Zeitspanne vom Erreichen der

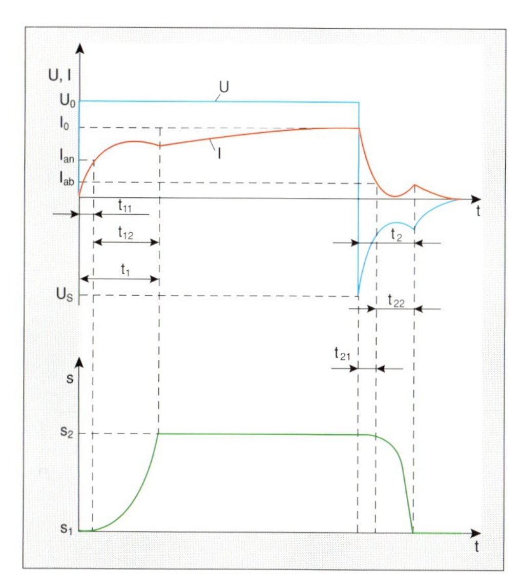

Abb. 12: Verlauf von Strom (I), Spannung (U) und Hub (s) während eines Schaltvorgangs

Hubendlage bis zurück zur Anfangslage die *Abfallzeit* (t_2). Auch sie läßt sich gliedern, nämlich in den *Abfallverzug* (t_{21}) und die effektive Rücklaufzeit (t_{22}). Der Abfallverzug, auch Klebzeit genannt, verstreicht zwischen dem Abschalten des Erregerstromes und dem Beginn der Rücklaufbewegung. In diesem Zeitraum baut sich das Magnetfeld so weit ab, bis die äußere Gegenkraft zur Wirkung kommt. Alle Angaben über Schaltdauern gelten im betriebswarmen Zustand, bei angelegter Nennspannung und einer Belastung mit 70 Prozent der Nennlast.

Ausschalten

Wird die Versorgungsspannung auf das Zwei- bis Dreifache der Nennspannung erhöht, verkürzt sich die Anzugszeit: Man spricht von einer *Übererregung*. Sobald der Magnet die Hubendlage erreicht hat, wird die Versorgungsspannung wieder auf die Nennspannung reduziert, um den Magneten nicht thermisch zu überlasten.

Anzugszeit verkürzen

Zwillingsmagnet für den Bergbau
Die Zeiten sind längst vorbei, in denen Kohleflöze mit der Spitzhacke abgebaut wurden. Ebenso gehören Holz und Eisenträger zur Abstützung der Stollen – Streb genannt – der Vergangenheit an. Heutzutage schützen hydraulisch betätigte Schilde den Bergmann (Abb. 13). Ein solcher sogenannter Schildausbau bildet eine Art Bogen, der hydraulisch gegen das Gestein gepreßt und verspannt wird. Dazu dient ein Hauptzylinder zwi-

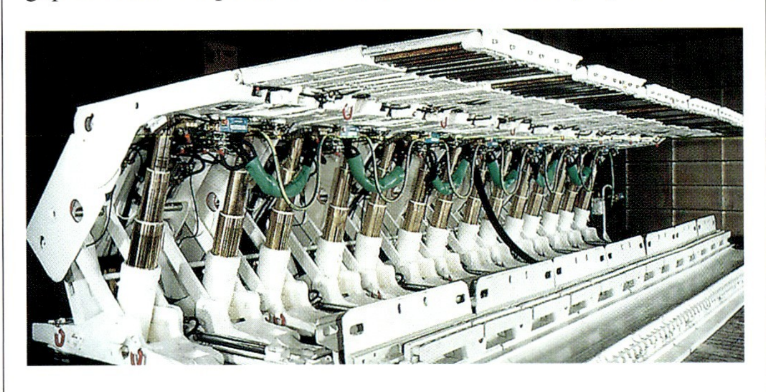

Abb. 13: Unter solchen Schilden arbeiten Kumpel sicher unter Tage.

schen Kufe und Kappe, aber auch zusätzliche Zylinder, welche die Kappe ausfahren oder nach hinten gegen das Gestein drücken. Außerdem wird ein solcher Schild von Zylindern vorgerückt, wenn die unter seinem Schutz arbeitenden Maschinen das Flöz wieder ein Stück abgetragen haben und der Schild der Kohle nachgezogen werden muß.

Es versteht sich, daß das hydraulische System zahlreichen Sicherheitsanforderungen genügen muß. So verhindern Sperrventile, daß der Druck in einem Zylinder plötzlich absinken kann. Dementsprechend anspruchsvoll sind auch die Betätigungsmagnete gebaut. Immer sind zwei voneinander unabhängig arbeitende Einfachhubmagnete im Einsatz: der eine, um einen Zylinder auszufahren – der andere, um ihn einzuholen. Sie befinden sich zusammen mit der Ansteuerelektronik in einem gemeinsamen rechteckigen Magnetgehäuse von etwa 40 mm mal 80 mm (Abb. 14). Das hat den Vorteil, daß nur ein

Stecker erforderlich ist und vereinfacht das Handling für den Anwender. Schließlich werden pro Schild etwa sechs bis acht solcher Zwillingsmagnete gebraucht. Bei rund 150 Schilden pro Streb ergibt das eine Zahl von 800 bis 1200 Zwillingsmagneten, die es mit elektrischer Leistung zu versorgen gilt.

Abb. 14: Pro Streb werden ca. 800 bis 1200 Zwillingsmagnete benötigt, die elektrisch versorgt werden müssen. Die Ansteuerelektronik ist bereits im grauen Anschlußgehäuse integriert.

Die Hauptgefahr beim Kohleabbau besteht allerdings nach wie vor darin, daß die Kohle brennbare Gase freisetzt, die in sogenannten schlagenden Wettern explodieren können. Auch die Entzündung von sehr feinem Kohlestaub hat schon manchen Kumpel das Leben gekostet. Weil schon ein kleiner Funke genügen kann, müssen alle elektrischen Geräte so konzipiert sein, daß keine Funken entstehen (eigensichere Geräte).

Die Ansteuerelektronik der Zwillingsmagnete ist besonders pfiffig, denn sie spart Energie: Wird der Magnetanker zunächst mit einem Nennstrom von 100 Milliampere und einer Kraft von zehn Newton angezogen, reduziert sie den Strom zeitgesteuert auf etwa 50 Prozent des Anfangswerts, nachdem der Anker den Pol erreicht hat. Damit nutzt sie den erwähnten Effekt aus, daß die Magnetkraft aufgrund des Luftspalts zwischen Magnetanker und -pol in der Hubendlage auf ca. 40 Newton bei Nennstrom ansteigen würde und das hydraulische Ventil auch bei reduziertem Strom sicher mit 20 Newton in der Endposition halten kann.

Der Proportionalmagnet

Um ein elektrisches Steuersignal in eine proportionale mechanische Kraft umzusetzen, verwendet man heute oft den Proportionalmagnet. Anders als beim reinen Schaltmagnet, bei dem es nur auf die Anfangs- und die Endposition ankommt, sind hier alle Zwischenstufen der Ankerbewegung wichtig. Der Magnet soll eine waagerechte bis leicht fallende und vor allem möglichst lineare Kennlinie haben. Dazu wird der Pol im Bereich des Arbeitshubes als Konus gestaltet (Abb. 15), der sich zumeist gegen die Hubrichtung verjüngt. So steht den Feldlinien je nach Hub mehr oder weniger ferroelektrisches Material zur Verfügung, und der Fluß ändert sich linear über den Hub. Die Magnetkraft bleibt somit über den Hub konstant. Die Tiefe des *Steuerkonus* richtet sich nach dem zu erreichenden Hub und die Form nach dem gewünschten Kennlinienverlauf: Bestimmte Winkel beeinflussen die

Waagerechte und lineare Kennlinie

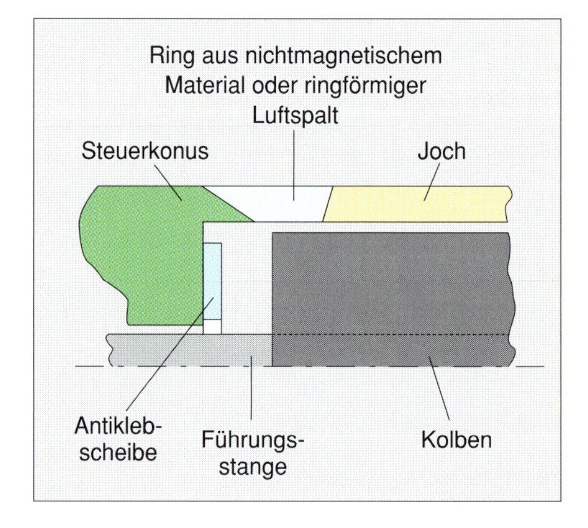

Abb. 15: Ein Ring aus nichtmagnetischem Material (druckdichte Ausführung) oder ein ringförmiger Luftspalt (nicht druckdichte Ausführung) unterbricht den magnetischen Fluß. Entsprechend der Form des verbleibenden Ferromagnetikums, dem sogenannten Steuerkonus, müssen sich die Feldlinien mit abnehmendem Hub weniger bündeln.

Kraft-Hub-Kennlinie. Die Kurve läßt sich in verschiedene Bereiche untergliedern: den *Leerhub*, welchen der Anker durchfährt, ohne bereits nutzbare Arbeit zu verrichten, den *Arbeitshub* und schließlich den *Endhub*bereich, in dem die Kennlinie bei immer kleiner werdendem Luftspalt hyperbolisch ansteigt. Durch eine zusätzliche Ausdrehung im Pol und durch eine Ausfütterung mit unmagnetischen Antiklebscheiben kann dieser Bereich zur besseren Aussteuerung des Systems sozusagen abgeschnitten werden (Abb. 16).

Abb. 16: Die Winkel des Steuerkonus beeinflussen den Verlauf der Kraft-Hub-Kennlinie.

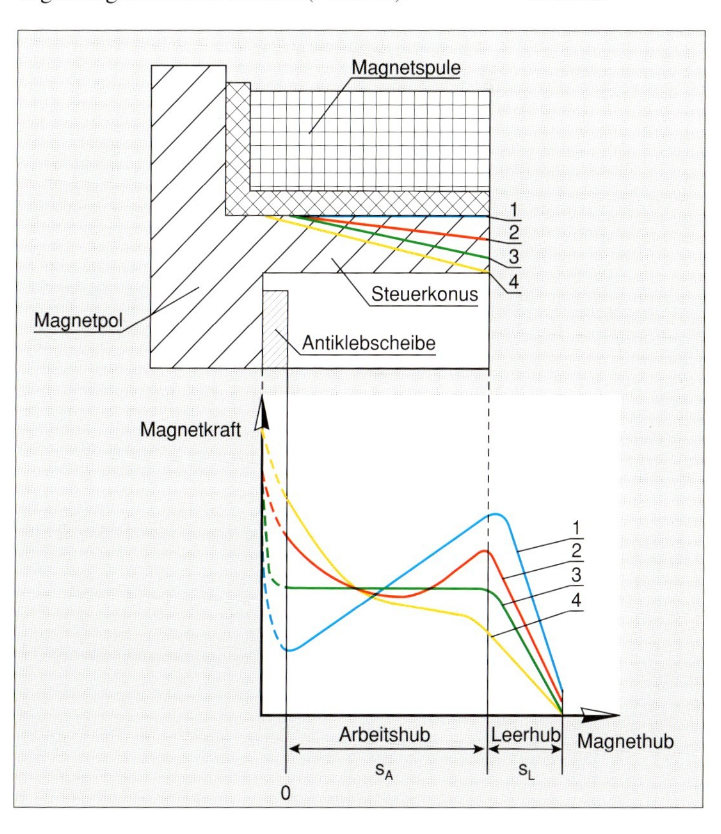

Im Unterschied zum Schaltmagneten wird beim Proportionalmagneten auch die Rückbewegung ausgesteuert, also der erregende Strom reduziert statt einfach abgeschaltet. In jedem Augenblick sollte demnach ein Kräftegleichgewicht zwischen Magnet- und Gegenkraft herrschen.

Anwendung in Hydraulik und Pneumatik

Diese Technik verdankt ihren Durchbruch der stärkeren Verbreitung von Hydraulik-Proportionalventilen in den sechziger und siebziger Jahren, weil sie europäischen Herstellern eine preiswerte Alternative zu den Servoventilen der amerikanischen Flugzeughydraulik bot. Nach wie vor sind die Hydraulik und zunehmend die Pneumatik Hauptanwendungsgebiete.

Mit verschiedenen Erregerströmen verschieben sich die Kennlinien, so daß unterschiedliche Schnittpunkte mit der Kennlinie der Gegenkraft zu erzielen sind (Abb. 17). Je nach Anwendung regelt oder steuert man so die geforderte Kraft oder den zu erreichenden Hub. Eine Kraftsteue-

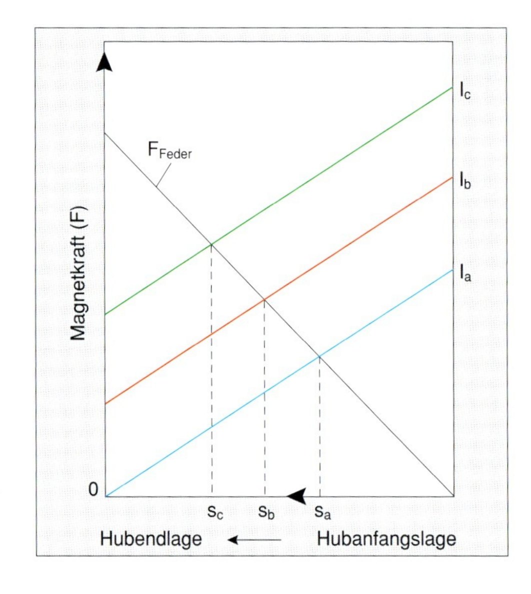

Abb. 17: Weg-Strom-Verhalten eines Proportionalmagneten: Arbeit gegen eine lineare Feder ($I_c > I_b > I_a$)

rung empfiehlt sich, wenn die Magnetkraft gegen eine starke Gegenkraft wirkt, aber nur ein geringer Hub von weniger als einem Millimeter erforderlich ist. Das ist bei Sitzventilen der Fall. Hubgesteuerte Proportionalmagnete sind bei Hüben von ca. ein bis drei Millimetern angebracht; sie steuern beispielsweise Wege- oder Drossel-Schieber-Ventile.

Kraft- oder Hubsteuerung

Elektrische Kenndaten

Der Rolle der Elektronik entsprechend, die den Strom sehr genau regeln muß, statt ihn einfach an- und wieder abzuschalten, gibt es eine Reihe zusätzlicher Größen, die bei der Auslegung von Proportionalmagneten zu beachten sind.

Die *Bezugsspannung* (U_B) erzeugt bei Beharrungstemperatur den *Grenzstrom* (I_G) und muß als Versorgungsspannung ständig zur Verfügung stehen. I_G ist der maximale Strom, mit dem der Magnet bei Bezugstemperatur ohne thermische Überlastung dauernd betrieben werden kann. Der *Kaltwiderstand* (R_{20}) ist der ohmsche Widerstand der Spule bei 20 Grad Celsius Umgebungstemperatur, während der *Warmwiderstand* (R_W) sich im Betrieb bei I_G und bei der Bezugstemperatur einstellt.

Sodann werden noch folgende Stromgrößen unterschieden: der *Kaltstrom* (I_{20}), als Quotient aus U_B und R_{20}, der *Nennstrom* (I_N), bei dem die *Nennmagnetkraft* (F_{MN}) erreicht wird, sowie der *Linearitätsstrom* (I_L), ab dem die Kraft-Strom-Kennlinie ausreichend linear wird (siehe Abb. 19 rechts). Die *Nennleistung* (P_N) ergibt sich aus dem Quadrat des Nennstroms und dem Kaltwiderstand ($P_N = I_N^2 \cdot R_{20}$), die *Grenzleistung* (P_G) aus dem Quadrat des Grenzstroms und dem Warmwiderstand ($P_G = I_G^2 \cdot R_W$).

Auslegung des Proportionalmagneten

Hysterese

Bringt man einen Ferromagneten in ein Magnetfeld ein, etwa den Anker in das Feld der Spule im Elektromagnet, so wird er magnetisiert. Mit zunehmender Feldstärke sind immer mehr Weisssche Bezirke bereits ausgerichtet, das Material gerät in die sogenannte Sättigungszone. Wird die Stärke des Induktionsfeldes gegen die äußere Feldstärke aufgetragen, ist das der Bereich, in dem die Kurve der magnetischen Induktion flach wird. Schaltet man nun das äußere Feld ab, so läßt die Magnetisierung allmählich nach. Sie erreicht nach dem Abschalten des äußeren Feldes normalerweise nicht wieder den unmagnetisierten Ausgangszustand – es verbleibt die als *Remanenz* (B_r) bekannte Restmagnetisierung.

Magnetische Hysterese …

Erst ein äußeres Feld umgekehrter Polarität, das *Koerzitivfeld* (H_k), kann das induzierte Magnetfeld auf Null zurückzuführen. Mit

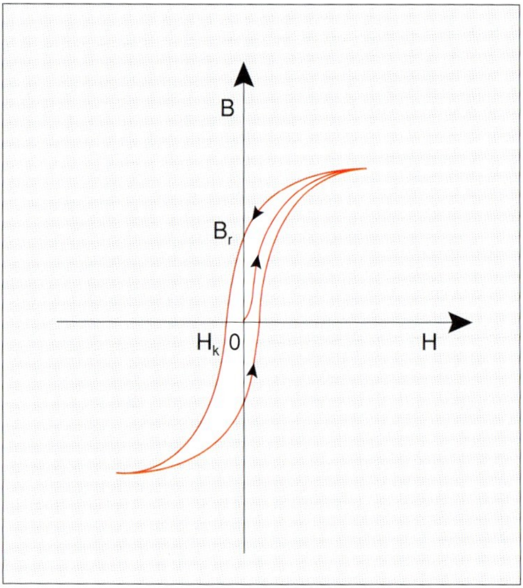

Abb. 18: Die resultierende Induktion (B) in Abhängigkeit der Feldstärke (H): Auch wenn H wieder auf Null zurückgeht, bleibt eine Restmagnetisierung (Remanenz B_r) erhalten. Um auch sie zurückzuführen, bedarf es eines zusätzlichen Feldes (Koerzitivfeldstärke H_k), das umgekehrte Polarität aufweist.

zunehmender Feldstärke erreicht die Magnetisierung wieder eine Sättigung, diesmal mit umgekehrter Polarität. Durch erneute Umpolung des äußeren Magnetfeldes ergibt sich die geschlossene sogenannte Hysteresekurve für die Magnetisierung (Abb. 18).

Die Fläche, die von dieser Kurve umschlossen wird, ist proportional zu der Energie, die bei ständigem Magnetisieren und Ummagnetisieren pro Umlauf als Wärme verlorengeht. Dementsprechend besteht Bedarf an magnetisch weichen Materialien, deren Hysteresekurve möglichst schmal ist. Sie lassen sich leicht umpolen, weil ihre Remanenzinduktion und Koerzitivfeldstärke relativ klein sind. Solche Materialien werden heute für Proportionalmagnete eingesetzt.

Trotzdem zeigen die Kraft-Hub-Kennlinien einen deutlichen Versatz in beiden Bewegungsrichtungen. Die größte Differenz zwischen der Magnetrückstellkraft (F_{MR}) und der

Abb. 19: Die Kraft-Hub-Kennlinie (links) und die Kraft-Strom-Kennlinie (rechts) sind aufgrund der magnetischen und der mechanischen Hysterese aufgespalten (Magnetrückstellkraft F_{MR}, Nennmagnetkraft F_{MN}, Nennkrafthysterese H_{FN}, Nennstrom I_N, Nennstromhysterese H_{IN}, Linerarititätsstrom I_L).

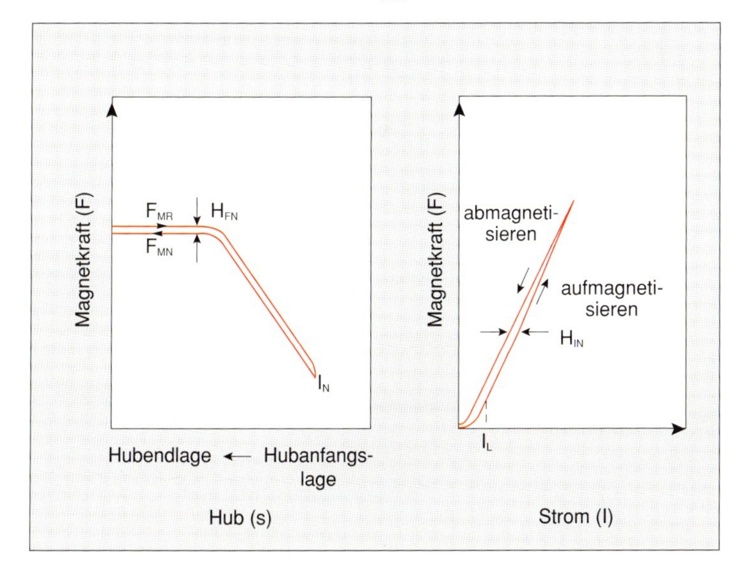

Nennmagnetkraft (F_{MN}) bei Nennstrom (I_N) wird als *Nennkrafthysterese* (H_{FN}) bezeichnet und in Prozent der Nennmagnetkraft angegeben (Abb. 19 links). Eine andere Angabe ist die *Nennstromhysterese* (H_{IN}), also die größte Stromdifferenz in der Kraft-Strom-Kennlinie zwischen Auf- und Abmagnetisieren bei konstantem Hub (Abb. 19 rechts) bezogen auf den Nennstrom. Abbildung 20 stellt das bei der Messung dieser Kennlinien angewandte Prinzip dar.

Neben der beschriebenen magnetischen sind in diesen Kurven auch die mechanischen Hystereseanteile enthalten. Reibung muß bei der Anzugsbewegung überwunden werden und

Abb. 20: Kennlinienmessung für Proportionalmagnete. Da bei Proportionalmagneten der Kraftverlauf (F) in Abhängigkeit von der Ankerstellung (s) ein Hauptfunktionsmerkmal ist, wird diese Kennlinie in einer 100 %-Prüfung aufgenommen.

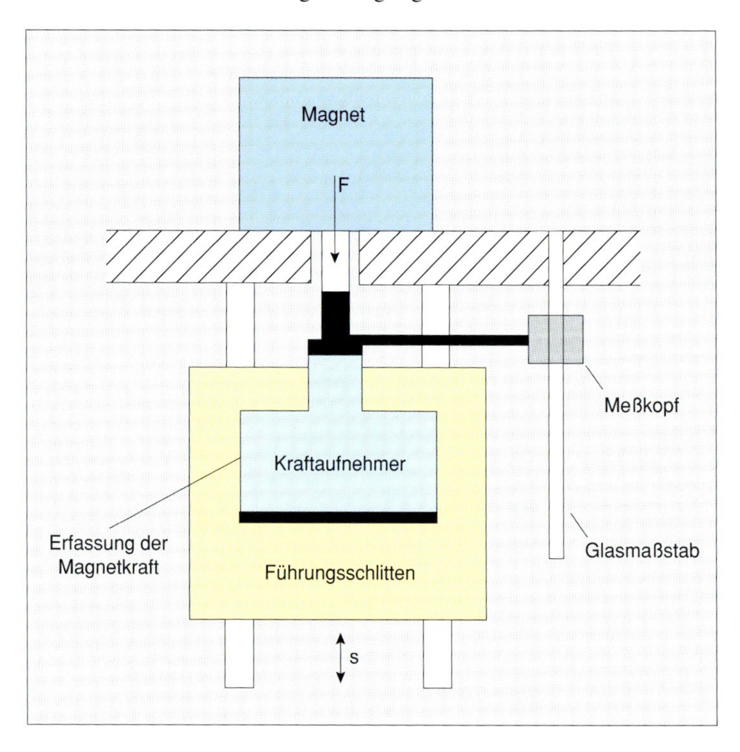

verringert somit die Magnetkraft, bei der Umkehrbewegung arbeitet sie gemeinsam mit Magnetkraft und Remanenz der Rückstellung entgegen. Zwischen den Kräften der magnetischen und der Reibhysterese besteht folgender Zusammenhang: $F_{Hy} < 2 F_R$. Insbesondere Querkräfte in den Ankerlagern wirken reibungsfördernd. Je weniger zentriert der Anker gelagert ist, desto stärker sind die auftretenden Radialkräfte. Finden die magnetischen Feldlinien an den Übergangsstellen unterschiedlich breite Luftspalte und damit verschieden große Übergangswiderstände vor, so entsteht durch die unterschiedliche magnetische Induktion eine Differenzkraft, die den Anker radial gegen Joch und Steuerkonus drückt, wodurch sich die Reibung erhöht.

… und Reibhysterese

Anwendungen

Proportionalmagnet für automatisiertes Schaltgetriebe

Bei diesem Anwendungsbeispiel handelt es sich um einen Proportionalmagneten, der in Verbindung mit einem Ventil die Aufgabe hat, über die jeweiligen Verstellzylinder den Kupplungshub und den Gangwechsel in einem automatisierten Schaltgetriebe zu steuern (Abb. 21).

Hydraulische Servounterstützung

Die hydraulische Servounterstützung des Getriebes und der Kupplung erlaubt es, die Vorzüge einer Trockenkupplung und eines mechanischen Getriebes beizubehalten (geringe Kosten und Gewicht, Einfachheit sowie kein Leistungsverlust und niedriger Energieverbrauch). Zugleich werden die typischen Komfortnachteile dieses Antriebstyps vermieden.

Kein Kupplungspedal

Im Fahrgastinnenraum gibt es das herkömmliche Kupplungspedal nicht mehr und der traditionelle Schalthebel wird durch eine elektrische Steuervorrichtung mit dem Hebel *up* und

Abb. 21:
Der im Gangsteller eingesetzte Proportionalmagnet hilft, den Gangwechsel im automatisierten Schaltgetriebe zu steuern.

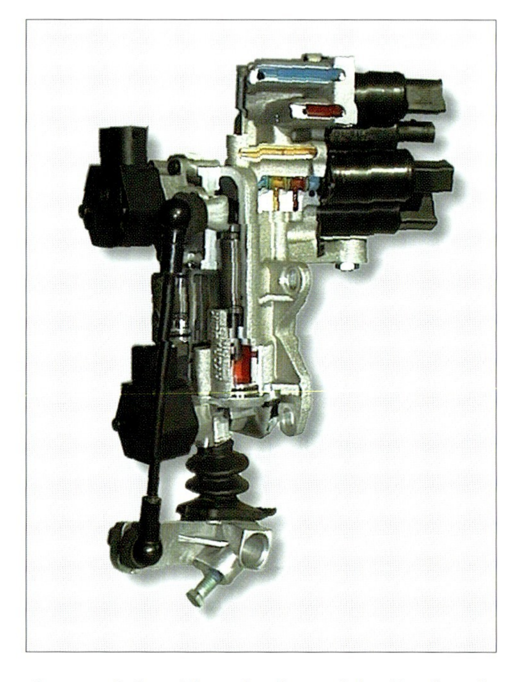

down auf dem Tunnel oder auf der Lenksäule ersetzt.

Entlastung des Fahrers

Die Servounterstützung hat die Aufgabe, den Fahrer von allen unnützen, langweiligen und ermüdenden Aufgaben, die mit der Steuerung des Antriebes verbunden sind, zu befreien, ohne ihn aber gleichzeitig um den Spaß einer direkten Kontrolle des Getriebes zu bringen.

Wenn der Fahrer aber unter bestimmten Bedingungen ganz darauf verzichten will, so besteht immer die Option, die Getriebesteuerung auf voll automatische Betriebsweise umzustellen.

Der dafür entwickelte Proportionalmagnet zeichnet sich insbesondere durch seinen sehr einfachen und dadurch kostengünstigen Aufbau aus, ohne daß Einbußen bei Magnetkraft und Magnethysterese in Kauf genommen werden müssen. Es wurde hierbei erstmals bei einem Proportionalmagneten eine Lagerung des Magnetkolbens in einem Edelstahlrohr verwirklicht. Die üblichen Gleitlager entfallen komplett.

Edelstahllager

Proportionalmagnet zur Nockenwellenverstellung

Die proportionale drehzahlabhängige Verstellung der Einlaß-/Auslaßnockenwelle bei Pkw-Motoren dient zur Drehmomentanhebung bei niedrigen Drehzahlen und zur Schadstoff- und Verbrauchsreduzierung. Der verwendete Proportionalmagnet wird in Verbindung mit einem 4/2-Wege-Proportionalventil im Motorraum direkt am Zylinderkopf angeschraubt (Abb. 22).

Erhöhtes Drehmoment

Abb. 22: Proportionalmagnet zur Nockenwellenverstellung

Das Eingangssignal des Magneten ist die pulsbreitenmodulierte Versorgungsspannung des Bordnetzes. Durch Veränderung des Tastverhältnisses der Spannung wird über den Proportionalmagneten die Ventilkolbenstellung bzw. der Ölvolumenstrom variabel gesteuert.

Variabler Ölvolumenstrom

Durch die Veränderung des Volumenstroms wird die Auslaßnockenwelle relativ zur Kurbelwelle verstellt. Diese Verstellung beeinflußt die Steuerzeiten der Auslaßventile.

Abgas-reduzierung

Der Hauptvorteil einer Auslaßnockenwellenverstellung ist die Reduzierung der Abgasemissionen. Der Proportionalmagnet zeichnet sich durch eine geringe Bauteilanzahl und durch einfache Montage aus.

Bei der Entwicklung wurde großer Wert auf die Dauerhaltbarkeit auch unter extremsten Bedingungen (Vibration, Temperatur) gelegt. Ein weiterer wichtiger Entwicklungspunkt war die Einhaltung der vom Kunden geforderten Induktivität, um die Funktion des Magneten sicherzustellen, da der Magnet aus Kostengründen spannungs- und nicht, wie normalerweise üblich, stromgeregelt angesteuert wird.

Optimierung zur Dynamiksteigerung

Steuerfrequenz

Wird der Proportionalmagnet in einem Regelkreis betrieben, unterliegt er rasch wechselnden Steuersignalen; dann ist sein dynamisches Verhalten von besonderer Bedeutung. Als *Eckfrequenz* bezeichnet man diejenige Steuerfrequenz, bei welcher der Hub um –3 dB, also auf das 0,708fache der ursprünglichen Amplitude abfällt. Auch der Anstieg oder Abfall der Magnetkraft bei verschiedenen Erregerströmen gibt Aufschluß über die erreichbare Dynamik.

Hysteresereduktion

Konstruktion

Je höher die Anforderungen an die Reproduzierbarkeit der zu steuernden Kraft oder des zu erreichenden Hubs sind, desto stärker kommen störende Effekte wie die Hysterese zum Tragen. Neben einer guten Zentrierung durch hohe mechanische Präzision der Einzelteile versucht man, diesen Effekt durch unmagnetische konzentrische Lagerung des Magnetankers zu vermindern.

Zudem muß der richtige Werkstoff ausgewählt werden. *Magnetisch weiche Werkstoffe* (RFe) nach DIN 17 405 sind für Magnete mit großen Anforderungen an Magnetkraft und Hysterese geeignet. Um eine geringe Koerzitivfeldstärke sowie hohe magnetische Induktion und Permeabilität zu erreichen, besitzen sie einen hohen Reinheitsgrad bei einer besonders gleichmäßigen chemischen Zusammensetzung und werden außerdem magnetisch weichgeglüht. Zur Erhöhung der Dynamik der Geräte müssen Materialen verwendet werden, die geringe Wirbelstromverluste aufweisen. Dies sind Werkstoffe mit hohem spezifischen elektrischen Widerstand wie z.B. Siliziumeisen, Kobalteisen u.ä.

Werkstoffe

Die Reibkraft entsteht im Lager, wirkt entgegen der Bewegungsrichtung und kann durch die Verwendung reibungsarmer Materialien verringert werden. So werden seit mehreren Jahren im Vakuum ölimprägnierte Sinterbronzelager oder Messing-Präzisionslager verwendet. Besonders kostengünstig sind Stahllager, bei denen in eine 0,3 bis 0,4 Millimeter dicke aufgesinterte Bronzeschicht eine nochmals um den Faktor zehn dünnere Schicht aus Polytetrafluoräthylen (PTFE) eingewalzt ist. PTFE wird als Kunststoff mit niedrigem Reibungskoeffizient, hohem Betriebstemperaturbereich und sehr gutem Verschleißverhalten eingesetzt. Die Gegenlauffläche wird bei der Fertigung durch Rollieren oder Feinstschleifen sehr glatt gemacht.

Reibungsarme Lager

Das sind jedoch nicht die einzigen Möglichkeiten, Reibung zu verringern. Die Ansteuerung der Spule kann ihr übriges dazu tun, indem sie durch leichtes Oszillieren des Erregerstroms den Anker in Mikroschwingungen

Oszillierender Erregerstrom

versetzt, so daß er nie ganz zur Ruhe kommt. Dann nämlich unterliegt er nur der Gleitreibung und nicht der um mehr als das Doppelte größeren Haftreibung.
Realisiert wird dies, indem die Erregung zu- und abnimmt, somit auch die Gegenkraft periodisch leicht das Übergewicht erhält. Im einfachsten Fall verwendet man dazu einen an- und wieder abschwellenden Strom, der über einen Brückengleichrichter aus Wechselstrom erzeugt wird (Abb. 23). Sofern keine besonde-

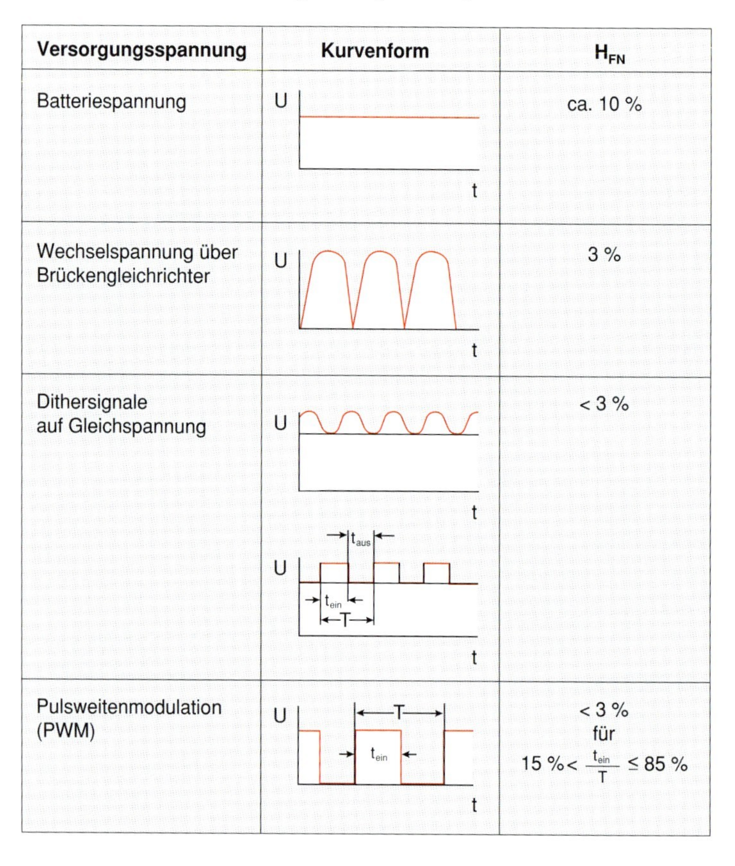

Versorgungsspannung	Kurvenform	H_{FN}
Batteriespannung		ca. 10 %
Wechselspannung über Brückengleichrichter		3 %
Dithersignale auf Gleichspannung		< 3 %
Pulsweitenmodulation (PWM)		< 3 % für 15 % < $\frac{t_{ein}}{T}$ ≤ 85 %

Abb. 23: Je nach der Art der Ansteuerung kann die Nennkrafthysterese H_{FN} reduziert werden.

ren Angaben gemacht werden, liegt den Hystereseangaben in den Geräteblättern immer diese Ansteuerung zugrunde.

Effektiver ist es, einer Gleichspannung eine Wechselspannung oder Rechteckpulse *(Dithersignal)* zu überlagern. Man kann sie auch in den meisten Fällen durch reine Rechteckpulse ersetzen, dabei liegt die relative Einschaltdauer sinnvollerweise zwischen 15 und 85 Prozent; dann spricht man von der *Pulsweitenmodulation* (PWM). Diese aufgeprägten Signale lassen auch die Magnetisierung zu- und abnehmen, so daß die normale magnetische Hysteresekurve durch viele kleine Hystereseschleifen ersetzt und die Verlustfläche insgesamt reduziert wird.

Elektronische Maßnahmen

Übererregung und Schnellentregung

Neben den beschriebenen Maßnahmen läßt sich durch die Wahl der elektronischen Ansteuerung und des zeitlichen Verlaufs der Versorgungsspannung, z.B. zeitgesteuerte Übererregung und Schnellentregung, das dynamische Verhalten zusätzlich erheblich verbessern. Begrenzt werden diese Maßnahmen durch die *elektrische Grenzfrequenz* (f_g) der Magnetspule, die dem Quotienten aus ohmschem Widerstand (R) und Induktivität (L) proportional ist ($f_g \sim R/L$).

Betriebspunkt nahe der Sättigung

In der Praxis wird die Hysteresekurve eines magnetischen Werkstoffs selten voll durchfahren, sondern die ansteuernden Ströme variieren um einen *Betriebspunkt.* Demnach bewegt sich auch die Magnetisierbarkeit und damit die Induktion in einem engen Wertebereich. Durch statisches Optimieren des Proportionalmagneten und Festsetzen des Betriebspunktes nahe der Sättigung des Materials wird zwar der Wirkungsgrad, also der Anteil der wirklich nutzbar umgesetzten Energie, gerin-

ger, die Induktivität aber fällt ab, und die Dynamik verbessert sich.
Während bei einer einfachen Gleichspannungsversorgung die Nennkrafthysterese etwa zehn Prozent der Magnetkraft ausmacht, läßt sie sich mit der gleichgerichteten Wechselspannung bereits auf drei Prozent reduzieren und mit den letzten drei Verfahren sogar noch weiter (Abb. 23). Sowohl das Dithersignal als auch die Pulsweitenmodulation sind darüber hinaus elektronisch einfacher zu steuern als die überlagerte Wechselspannung. In jedem Fall kann die Hysterese für den Anwendungsfall minimiert werden, indem Amplitude und/oder Frequenz in Abhängigkeit von der elektrischen Grenzfrequenz, den Anker- und Lastmassen sowie der Gegenkraft eingestellt werden.

Mechanische Maßnahmen

Ankermasse, Last und Rückstellfeder bilden einen mechanischen Schwingkreis, der durch eine Resonanzfrequenz charakterisiert ist. Erreicht die Häufigkeit von Steuerimpulsen diesen Wert, schaukelt sich die Ankerbewegung unkontrolliert auf. Um also einen möglichst großen Dynamikbereich aussteuern zu können, wird stets versucht, die Resonanzfrequenz zu erhöhen, z.B. durch die Verringerung der beteiligten Massen. Das bedeutet für den Anwender, genau zu überprüfen, ob das zu bewegende Teil leichter gemacht werden kann. Möglicherweise läßt sich auch eine Führungsstange aus Kunststoffasern verwenden. Der Magnetfluß ist auch dahingehend zu untersuchen, ob Bereiche des Ankers unwichtig sind und darum ausgedreht werden könnten.

Resonanzfrequenz erhöhen

Auch die Federkonstante, welche den Zusammenhang zwischen Auslenkung und rückstellender Kraft angibt, beeinflußt das Resonanzverhalten. Je kleiner sie ist, desto weicher verhält sich die Feder und um so größer wird der auszusteuernde Hubbereich. Allerdings verringert sich dann die Resonanzfrequenz, so daß immer ein Kompromiß gesucht werden muß.

Natürlich verschlechtert auch die geschwindigkeitsabhängige Dämpfung das dynamische Verhalten. Sie entsteht durch die bereits genannte Reibung und wird bei hydraulischen Systemen durch den Strömungswiderstand innerhalb des Magneten verstärkt. Der Strömungswiderstand läßt sich durch eine Vergrößerung der Ölausgleichsbohrungen in Pol und Anker verringern.

Strömungswiderstand verringern

Subsysteme

In den bislang vorgestellten Anwendungen wurden meist der elektromagnetische Aktor und eine weitere funktionelle Komponente in einem gemeinsamen Gehäuse integriert. Ein solches Subsystem ist eine eigenständige, elektromagnetisch gesteuerte Funktionsbaugruppe innerhalb eines Gesamtsystems. Sie setzt die Hubarbeit eines Magneten in eine gewünschte Funktion um. Derartige Subsysteme haben den Vorteil, daß

Vorteile von Subsystemen

- sich der Magnet auf die gewünschte Funktion sehr genau anpassen und optimieren läßt,
- der Hersteller es dem Kunden abnimmt, sich um die Kraft-Hub-Kennlinie als oft nur schwer zu definierende Schnittstelle zu kümmern,
- die Subsystemverantwortung vollständig in der Hand des Lieferanten liegt und der Kunde sich auf seine Systemverantwortung und -kompetenz konzentrieren kann,
- eine kompaktere und leichtere Bauweise der gesamten Einheit ermöglicht wird, die außerdem die Montage und Adaption erleichtert,
- durch integrierte Bauweisen wertanalytische Potentiale zu erschließen sind, zum Beispiel durch Verringerung der Teilezahl oder durch einfacheren Aufbau.

Beispiele

Mögliche Anwendungen sind hydraulische Vorsteuerventile und vorgesteuerte Ventile, zum Beispiel für Fahr- und/oder Arbeitsantriebe von mobilen Arbeitsmaschinen, Dosierpumpen für die genaue Kraftstoffdosierung bei Fahrzeug-Zusatzheizungen und Schmiersystemen, aber auch mechanische Entriegelungen für Überrollschutzsysteme von Cabrios, Fadenbremsen für Textilmaschinen etc.

Anforderungen

Dynamik

Sicherheits-Entriegelungseinheiten zeichnen sich häufig dadurch aus, daß sie sehr schnell reagieren, also ein gutes dynamisches Verhalten aufweisen müssen; ein Beispiel dafür sind die Aktoren für Überrollschutzsysteme. In den meisten Fällen wird dieses Verhalten mit kurzhubigen Schaltmagneten, einer Massenreduzierung der bewegten Teile und durch eine elektrische Übererregung realisiert.

Wiederholgenauigkeit

Die Anforderungen bei fluidtechnischen Subsystemen sind insbesondere eine geringe Hysterese bei sehr guter Wiederholgenauigkeit, um in hydraulischen Steuerungen – also Systemen, die nicht durch rückgekoppelte Sensorsignale geregelt werden – reproduzierbare Funktionen, wie zum Beispiel Bewegungen, zu erreichen.

Sicherheit

Im automobilen Einsatz werden weitere Forderungen an die Geräuschentwicklung, den Einbauraum, das Gewicht, den Korrosionsschutz und an die Funktionssicherheit gestellt.

Anwendungen

Aktor für Überrollbügel

Um ungetrübten Fahrgenuß zu haben, mögen Cabrioletbesitzer zwar nicht auf den Überrollbügel verzichten, er soll aber im Normalfall verborgen bleiben. Bei einigen Modellen stecken die Überrollbügel darum zusammengeschoben hinter den Kopfstützen der Rücksitze und fahren bei einem Unfall in Sekundenbruchteilen aus (Abb. 24).

Elektromechanische Entriegelung

Dies wird durch ein Entriegelungssystem erreicht, das aus einem mechanischen und einem elektromagnetischen Teil besteht: Zwei Federn werden im Normalbetrieb zusammenge-

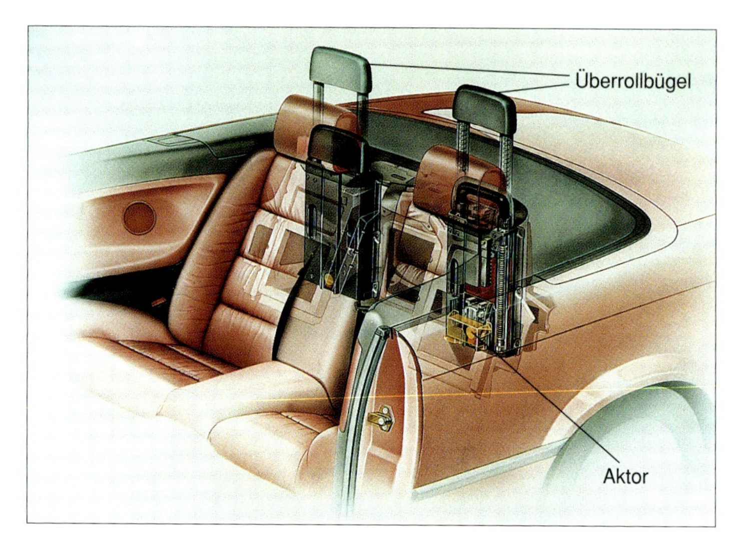

Abb. 24: Die Überrollbügel dieses Cabriolets sind im Normalfall hinter den Rücksitzen verborgen.

drückt und in diesem Zustand von einer Klinke gehalten (Abb. 25). Melden Sensoren eine gefährliche Schräglage oder einen kritischen Aufprall des Automobils, drückt der Magnetanker die Klinke des elektromagnetischen Aktors zur Seite, löst so die Verriegelung und gibt damit die Federn frei – der rettende Bügel wird hochgedrückt. Nur wenige hundertstel Sekunden dürfen zwischen dem Stromsignal und dem Auslösen des Schutzbügels vergehen.

Dokumentationspflicht

Derartige Magnetsysteme müssen sehr zuverlässig arbeiten und sind dokumentationspflichtige Sicherheitsteile. Ein besonderer Kraft-Hub-Kennlinienverlauf mit hoher Anfangskraft ermöglicht eine kurze Zeitspanne vom Stromsignal bis zur Freigabe des Bügels. Zudem wird durch hohen Korrosionsschutz eine lange Lebensdauer erreicht.

Der elektromagnetische Teil besteht nur aus wenigen Komponenten: Gehäuse, Spule mit Stecker, Anker und Pol. Indem eine umspritzte Spule, komplett mit Anschlußstecker, verwen-

Abb. 25:
Ein Überrollbügel wird von einer Klinke (links) festgehalten. Wird diese durch den Magneten gelöst, fahren vorgespannte Federn den Bügel in Sekundenbruchteilen aus.

det wird, lassen sich bei der Montage des Subsystems Zeit und damit Kosten sparen.

Kugelsitzventil für Brandschutz- und automatische Drehflügeltüren

In automatischen elektrohydraulischen Drehflügeltüren fixieren Kugelsitzventile die jeweilige Stellung, indem sie den hydraulischen Ölfluß im Schließer absperren. Nach Unterbrechung der Stromversorgung des Ventils schließt die Tür von selbst. Das vorliegende Beispiel ist ein 2/2-Wege-Schaltventil. Im stromlosen Zustand befindet sich die Magnetankerplatte in ihrer Ausgangslage. Die Kugel gibt die Bohrung der Blende und damit den Durchfluß zwischen den beiden Anschlüssen P und T frei (Abb. 26).

Funktionsprinzip

Im bestromten Zustand drückt die Magnetankerplatte auf die Kugel, und die Kugel verschließt die Bohrung in der Ventilblende. Das Öl kann jetzt nicht mehr fließen. Beim Versuch, die Tür zu schwenken, baut sich ein Gegendruck und somit eine Gegenkraft auf. Nach Überwinden dieser Kraft oder nach Abschalten der Anschlußspannung bewirkt der an der Blende anstehende Druck, daß die

Abb. 26: Kugelsitzventil: 2/2-Wege-Schaltventil

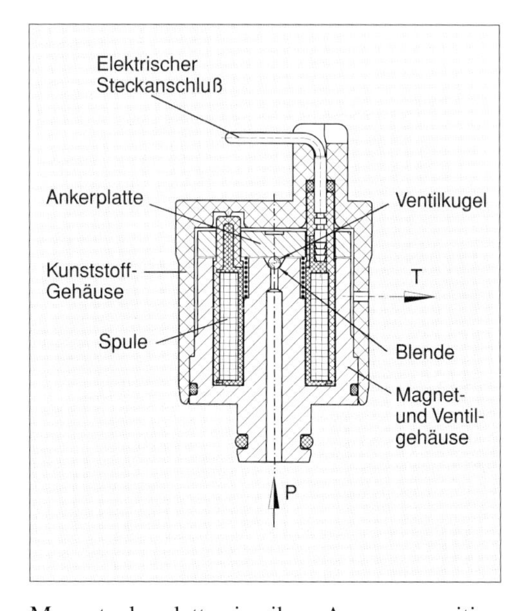

Magnetankerplatte in ihre Ausgangsposition zurückgebracht, das Ventil dadurch geöffnet und die Tür freigegeben wird. Eine eingebaute Feder beschleunigt den Druckabbau, indem sie die Ankerplatte schneller in ihre Ausgangsposition bringt. Die magnetischen Funktionsteile befinden sich in einem Kunststoffgehäuse mit integriertem elektrischen Steckanschluß. Das Magnetventil ist nach Einbau in das Schließergehäuse über O-Ringe nach außen abgedichtet.

Beliebige Türposition

Gegenüber einem elektromagnetischen System, das nur eine Verstellposition der Tür erlaubt, ermöglicht das elektrohydraulische System jede beliebige Türfeststellposition.

Proportional-Druckminderventil für mobile Arbeitsmaschinen

Die Arbeitsfolge einer Forstmaschine (Abb. 27) – Baum greifen, ihn absägen, entasten, schälen und auf bestimmte Länge zersägen, ohne den

Baumstamm zwischendurch auch nur einmal loszulassen – ist äußerst kompliziert zu verwirklichen. Für diese Anforderung wurde ein Proportional-Druckminderventil entwickelt, das sich besonders gut für die stufenlose (proportionale) Vorsteuerung größerer Ventile mobiler und stationärer Hydrauliken eignet.

»Schwerstarbeit«

Das Funktionsprinzip des 3/2-Wege-Druckminderventils (siehe Umschlag- und Titelabbildung) basiert auf der *hydraulischen Druckrückführung,* d.h., der zu regelnde Druck steht auf der Stirnfläche des Ventilschiebers an und wirkt damit der Magnetkraft entgegen. Somit ergibt sich bei entsprechender Auslegung der Kraft-Hub-Kennlinie des verwendeten Magneten ein proportionaler Zusammenhang zwischen Magnetstrom und dem zu regelnden Druck. Bei Stromzufuhr bewegt der Magnetanker den Ventilschieber und gibt damit die Ölzulaufbohrung zum Verbraucher frei. Bei stromlosen Magneten drückt eine Feder den Ventilschieber in seine Ausgangslage, verschließt damit die Ölzulaufbohrung und öffnet dafür die Bohrung vom Verbraucher zum Tankablauf.

Die Magnetkraft-Hub-Kennlinie wurde so auf die Ventilfunktion abgestimmt, daß sich der bei einem bestimmten elektrischen Strom ergebende Arbeitsdruck kaum über den erforderlichen Verbrauchervolumenstrom ändert.

Abb. 27: Die Forstmaschine packt den Baum, sägt ihn ab, entastet, schält und zersägt ihn auf eine bestimmte Länge, ohne ihn auch nur einmal loszulassen.

Integrierte Bauweise

Realisierbar war das erarbeitete Magnetventilkonzept nur aufgrund der integrierten Bauweise von Magnet und Ventil. Ventilhülse und Magnetpol sind eine Einheit, die in das Magnetgehäuse eingesetzt wird. Das Resultat ist ein kompaktes Ventil mit kleiner Baugröße, geringem Gewicht und einer elektrischen Steckverbindung mit hoher Schutzart.

Schließlich wird der Kundennutzen dadurch erhöht, daß ein elektromagnetisches Subsystem geliefert wird, das die definierten hydraulischen Anforderungen erfüllt und keiner künstlich erzeugten Schnittstellenfestlegung durch den Kunden bedarf, insbesondere nicht der Magnetkraft-Hub-Kennlinie.

Proportional-Druckminderventil für hohe Volumenströme (HFPPRV)

Kompakte Bauform

In der Mobilhydraulik sind Vorsteuerventile wesentliche Einheiten zur direkten oder indirekten Steuerung von Pumpen, Motoren und Ventilhauptstufen. Großen Einfluß bei der Anwendung solcher Ventile hat die kompakte Bauform, welche durch Integration der Pilotstufe in den Magneten und die Ausführung der Hauptstufe als Cartridgepatrone erreicht wird. Das Zusammenspiel von zugeführter elektrischer und hydraulischer Leistung wird hier anhand eines Proportional-Druckminderventils für hohe Volumenströme (HFPPRV) verdeutlicht.

Hydraulische Druckrückführung

Das Funktionsprinzip dieses vorgesteuerten 3/2-Wege-Proportional-Druckminderventils basiert auf der hydraulischen Druckrückführung, d.h., der zu regelnde Arbeitsdruck p_A und der Pilotdruck p_{VS} wirken über die gegenüberliegenden Stirnflächen auf den Hauptschieber, so daß sich dieser bewegt, bis beide Druckkräfte im Gleichgewicht sind. Die Pilotstufe ist ein Druckbegrenzungsventil, bei dem der Pilot-

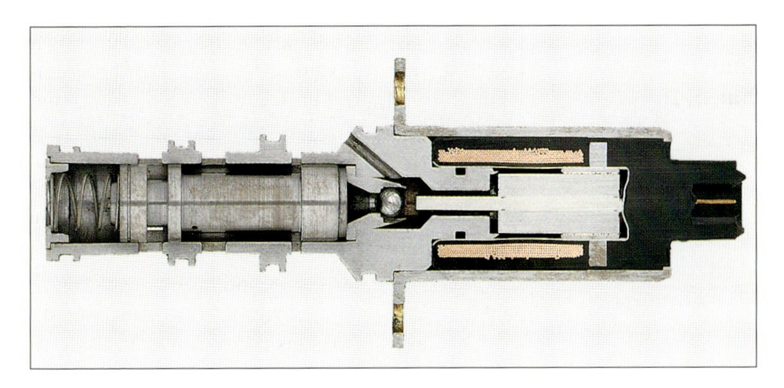

Abb. 28: Proportional-Druckminderventil: Zusammenspiel von elektrischer und hydraulischer Leistung

druck der Magnetkraft entgegenwirkt. Übersteigt p_{VS} den Wert der eingestellten Magnetkraft, öffnet die Kugel im Ventilsitz die Zuleitung zum Tank und bewirkt somit den Druckabfall bis zum Erreichen des gewünschten Pilotdrucks.
Bei Vernachlässigung der Störkräfte wie Feder- bzw. Strömungskraft resultiert daraus ein linearer Zusammenhang zwischen der Magnetkraft und dem zu regelnden Arbeitsdruck.
Das HFPPRV eignet sich besonders für den Einsatz bei der automatischen Kupplungssteuerung, wo eine schnelle Ansteuerung, also eine schnelle Befüllung der Kupplung, sowie die weiche Regelung des Anpreßdruckes eine Rolle spielen (Abb. 28).

Schnelle Ansteuerung – weiche Regelung

Proportional-Drosselventil für Servolenkungen

Hierbei handelt es sich um ein stromlos offenes 2/2-Wege-Proportional-Drosselventil, das in den geschwindigkeitsabhängigen Servolenkungen von Pkws und Lkws eingesetzt wird. Über die lineare Kraft-Strom-Charakteristik des Magneten und die ebenfalls lineare Kraft-Weg-Charakteristik der Rückstellfeder ergibt sich ein proportionaler Zusammenhang zwischen elektrischem Sollwert und Ventilschieberauslenkung, durch einen entsprechenden Drosselquerschnitt letztendlich auch zwischen elektrischem Sollwert und Volumenstrom des Hydrauliköls.

Geschwindigkeitsabhängige Kraft

Ist letzterer konstant, entsteht je nach elektrischem Sollwert ein Steuerdruck, der zur Lenkkraftunterstützung in einer Servolenkung dient. Mit steigendem Strom läßt sich das Lenkrad mit immer geringerem Drehmoment bewegen. Dies ist beim Parken und bei niedrigen Fahrgeschwindigkeiten hilfreich.

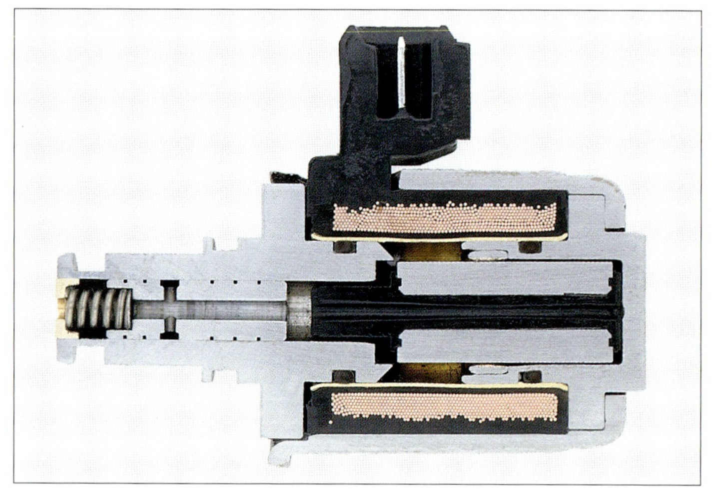

Abb. 29: Stromlos offenes 2/2-Wege-Proportional-Drosselventil für Servolenkungen

Da das Ventil stromlos offen ist, ergibt sich bei nur geringem Steuerdruck eine geringere Lenkunterstützung. Dies bedeutet ein straffes Lenkverhalten, das die Sicherheit bei höheren Fahrgeschwindigkeiten erhöht. Aufgrund der besonderen konstruktiven Gestaltung der Zulauf- und Ablaufbohrungen verhält sich das System in beiden Durchflußrichtungen gleich, ein Unterschied zwischen den beiden Lenkrichtungen tritt nicht auf (Abb. 29).

Proportional-Druckbegrenzungsventil für Benzindirekteinspritzung

Hierbei handelt es sich um ein stromlos offenes 2/2-Wege-Proportional-Druckbegrenzungsventil, das den Kraftstoff-Einspritzdruck in einer High-Pressure-Direct-Injection-Einspritzanlage eines mit Ottokraftstoff betriebenen Pkws regelt.

Im Gegensatz zur üblichen Saugrohreinspritzung wird bei der HPDI-Einspritztechnik nicht ins Saugrohr vor das Einlaßventil mit geringen Drücken von ca. 3 bis 5 bar, sondern direkt mit ca. 50 bis 130 bar in den Brennraum eingespritzt.

Direkteinspritzung mit hohem Druck

Dieser Einspritzdruck wird mit Hilfe eines Druckbegrenzungsventils geregelt. Durch die Magnetkraft wird der Ventilstößel so weit in der Ventilhülse gegen den Ventilsitz verschoben, bis sich ein Kräftegleichgewicht zwischen Magnet- und Druckkraft einstellt.

Über die lineare Kraft-Strom-Charakteristik des Magneten ergibt sich somit ein proportionaler Zusammenhang zwischen elektrischem Sollwert und dem resultierenden Regeldruck.

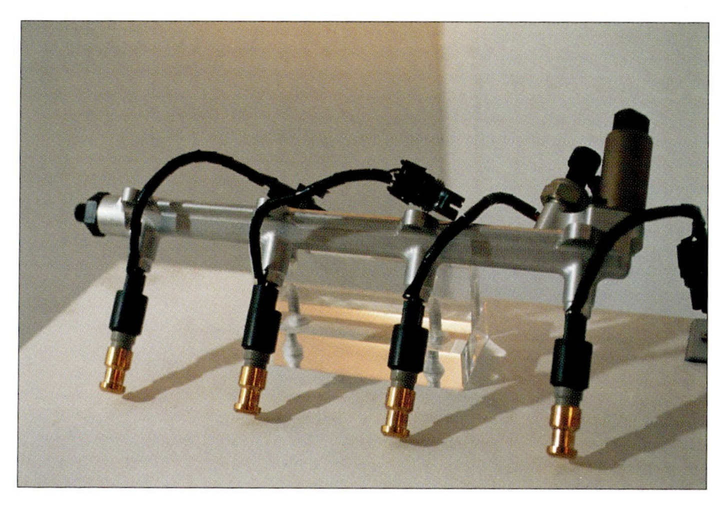

Abb. 30: Die HPDI-Einspritzanlage regelt Kraftstoff-Einspritzdruck und -menge.

Dieser Regeldruck ist nahezu konstant über dem Durchflußbereich der Kraftstoffpumpe.

Optimaler Einspritzdruck bewirkt ...

Die Regelbarkeit des Einspritzdruckes ermöglicht es, in Verbindung mit den Injektoren die Bandbreite der eingespritzten Kraftstoffmenge zu vergrößern (Abb. 30). Der Einspritzdruck ist maßgeblich für die Zerstäubungsqualität des Kraftstoffes. Prinzipiell kann man sagen, daß mit höherem Einspritzdruck durch die Erzeugung von kleineren Tröpfchen die Gemischaufbereitung und damit die Verbrennung verbessert wird.

... optimale Verbrennung

Schichtladung

Durch die HPDI-Einspritztechnik kann der Motor im sogenannten Schichtladebetrieb betrieben werden. Bei der Schichtladung wird ein zündfähiges Gemisch nur im Bereich der Zündkerze erzeugt, während im übrigen Brennraum das Gemisch sehr viel magerer ist. Die hierdurch erzielte Kraftstoffersparnis beträgt im Teillastbetrieb bis zu 20 Prozent.

Da das eingesetzte Ventil stromlos offen ist, wird das System im stromlosen Zustand nahezu drucklos geschaltet (Fail-Safe-Verhalten).

Kraftstoffdosierpumpen für Fahrzeug-Standheizungen und -Zuheizer

Hierbei handelt es sich um eine magnetbetätigte Kraftstoffdosierpumpe, die unter anderem für den Einsatz in Pkw-Zuheizern konzeptioniert ist. Dieselmotoren mit Direkteinspritzung produzieren aufgrund ihres hohen Wirkungsgrades nicht genug Wärme, also Energieverluste, um den Fahrzeuginnenraum bei niedrigen Außentemperaturen ohne Zuheizer ausreichend zu erwärmen. Sinkt die Temperatur des Motorkühlwassers unter einen bestimmten Wert, schaltet sich der Zuheizer automatisch zu und gleicht den Wärmeverlust aus.

Standheizungen, etwa in Personen- oder Lastkraftwagen, können über eine Zeitschaltuhr

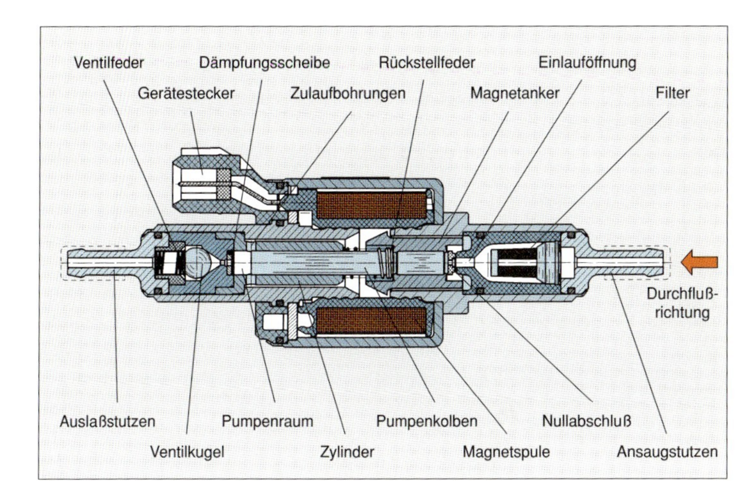

Abb. 31: Diese Dosierpumpe fördert den Kraftstoff präzise aus dem Tank zur Standheizung.

oder eine Fernsteuerung aktiviert werden und damit für einen vorgewärmten Fahrgastraum sorgen, Scheiben enteisen und das Kühlwassersystem vorwärmen, bevor der Fahrer seinen Dienst antritt. In Lastkraftwagen ermöglichen sie außerdem, im Wagen zu übernachten, ohne den Motor laufen lassen zu müssen.

Vorteile der Kolbenpumpe

Eine wichtige Komponente ist die Dosierpumpe, die genau bemessene Mengen des Kraftstoffs aus dem Tank zum Brenner fördern soll. Dazu werden Kolbenpumpen verwendet, weil ihre Bauweise Fertigungstoleranzen von nur wenigen Mikrometern an den Dichtspalten ermöglicht (Abb. 31). Kolbenpumpen besitzen einen höheren Wirkungsgrad als andere Pumpen, und eine hohe Dosiergenauigkeit läßt sich besser realisieren.

In der hier gezeigten Anwendung wird der Hub mit einem integrierten elektromagnetischen System erzeugt. Der Pumpenkolben ist dabei fest mit dem Magnetanker verbunden, der zentrisch von der Spule umgeben ist. Im unbestromten Zustand sind alle Hohlräume mit Kraftstoff gefüllt. Wird die Spule bestromt – das kann bis zu zehn mal pro Sekunde der Fall sein –, verschiebt der Anker den Kolben gegen eine Feder. Der Pumpenkolben hebt eine Ventilkugel an und stößt das Fördermedium aus dem Pumpenraum aus, dabei verschließt er gleichzeitig die Bohrungen zum Pumpenraum. In dieser Zeit läuft aber wieder Kraftstoff in den Ankerraum nach. Wird der Strom ausgeschaltet, drückt die Feder Anker und Kolben zurück. Dabei entsteht ein Unterdruck im Pumpenraum, und der Kraftstoff tritt über die nun wieder geöffneten Bohrungen ein.

Funktionsweise der Kolbenpumpe

Als besondere Merkmale zeichnen sich die hohe Dosiergenauigkeit aufgrund des definierten Fördervolumens pro Hub und die hohe Lebensdauer aus.

Entwicklung, Prozeßsicherung und Montage

F&E-Ablauf

Am Anfang jeder Entwicklung steht das *Lastenheft*, das gemeinsam mit dem Kunden erstellt wird. Darin werden insbesondere alle Parameter festgelegt, die für eine optimale Funktion des Elektromagneten erforderlich sind:

Spezifikation

- Wie groß soll der Magnethub sein, und wie soll die Kennlinie verlaufen?
- Welche Anschlußspannung/-strom stehen zur Verfügung?
- Wie lang ist die geplante Einschaltdauer, mit welcher Frequenz soll geschaltet werden?
- Wie hoch ist die Umgebungstemperatur? Erfolgt die Kühlung über den Flansch auf einer wärmeleitenden Unterlage, z.B. auf einem Block, der von einem Medium durchströmt wird? Wie hoch ist in diesem Fall die Temperatur des Kühlmittels?
- Welche Leistungsaufnahme darf demnach maximal erfolgen und welche Isolierstoffklasse eignet sich dafür?
- Ist eine besondere Schutzart nach DIN 40 050 gefordert?
- Welche Anforderungen gibt es an die Lebensdauer: hohe Schaltzahl, Korrosionsbeständigkeit, Vibrationsbeständigkeit etc.?
- Erfolgt die Kraftübertragung axial oder radial?
- Wie erfolgt der elektrische Anschluß?

Nach der internen Projektaufnahme, in der die *Entwicklungsziele* mit dem *Projektleiter* vereinbart werden, startet das *Kern-Entwick-*

lungsteam bestehend aus Projektleiter, Projekteinkäufer und Prozeßplaner mit der Entwicklung. Andere beteiligte Abteilungen werden nach Bedarf hinzugezogen und in regelmäßigen Abständen über den Entwicklungsstand anhand von *Projektplänen* informiert.

Konzept

Der Projektleiter hat die Aufgabe, die *simultane Entwicklung* intern sowie extern mit Kunden zu koordinieren. Mittels der Prozeßkostenkontrolle werden die *Projekt- und Herstellkosten* von dem Kern-Team ständig überwacht.

Einen bedeuteten Anteil innerhalb der Entwicklung nimmt der Bereich des *Versuches* ein. Anhand umfangreicher *Tests und Qualifikationsprüfungen* wird nachgewiesen, daß das entwickelte Produkt die vereinbarten Kunden-

Abb. 32: Konstantstrom-Dauerlaufprüfstand: Auf den vier vertikal angeordneten Prüfblöcken können bis zu 20 Proportionalventile oder Elektromagnete gleichzeitig getestet werden.

Abb. 33: Hydraulischer Funktionsprüfstand (drei Stationen)

anforderungen voll erfüllt. Zu diesen Prüfungen zählen unter anderen: Konstantstrom-Dauerlauftest (Abb. 32), Funktionsprüfung (Abb. 33), Strom-Cycle-Test, Druck-Cycle-Test, Vibrationstest, Schocktest und diverse Umwelt- und Klimatests.
Der Abschluß einer jeden Entwicklung ist die *Produktübergabe* an die Serienproduktion. Voraussetzungen dafür sind:

Full-Run-Test

- die *Prozeßfähigkeit* ist anhand von einem *Full-Run-Test* nachgewiesen,
- die Herstellkosten sind erreicht,
- und die *Dokumentation nach QS-9000* ist abgeschlossen.

Simulation

Zeiteinsparung durch Software

In der Startphase der Projekte werden die Elektromagnete, Dosier- und Förderpumpen bzw. Magnetventile im ersten Schritt mit einem FEM-Programm (Finite Elemente Methode) magnetisch ausgelegt (Abb. 34). Anschließend wird eine Hydrauliksimulation durchgeführt, um die Geometrie und die Parameter sowie die benötigten zusätzlichen Komponenten (wie z.B. Rückschlagventile) auszulegen bzw. zu optimieren (Abb. 35). Durch den Einsatz dieser

Abb. 34: FEM-Simulation für Magnetkreis-auslegung

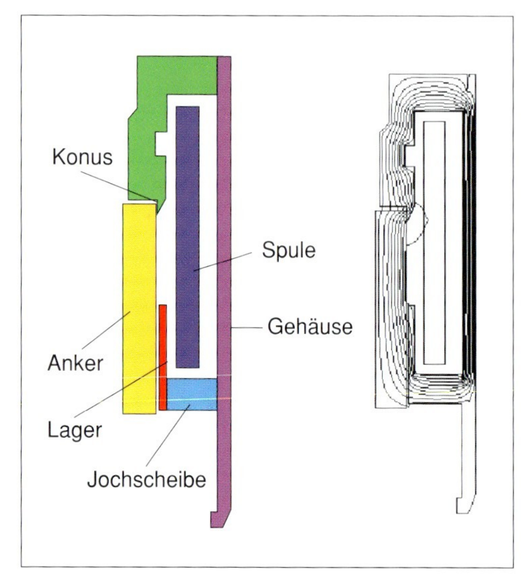

beiden Programme wird die Versuchsphase bzw. Testphase drastisch reduziert.

Erleichterte Analyse

Hierbei können komplexe Systeme in einfache Bauteile umgesetzt und somit einfach analysiert werden. Beispielsweise kann ein dynamisches Prellen des Ankers beim Erreichen der Anfangsstellung durch ein Federsystem in der Hydrauliksimulation nachgebildet werden. Durch die Wahl der Federrate kann nun das Prellen nachgebildet werden.

Qualitätsplanung

Einzelteile- und Baugruppenfertigung

Einzelteile und Baugruppen müssen nach Prüfplänen gefertigt werden, die mit dem Produktteam und der Qualitätssicherung abgestimmt sind und auf Qualitätsrichtlinien, Spezifikationen und Zeichnungen basieren. So darf beispielsweise zugekauftes Vormaterial

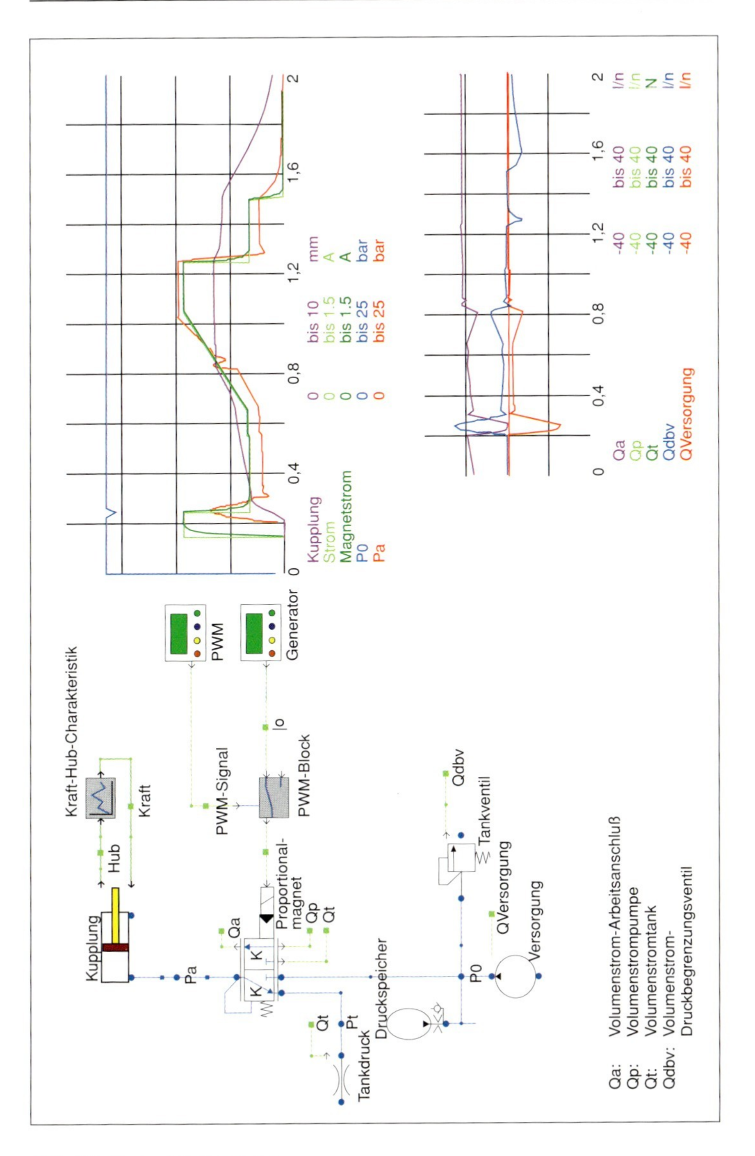

Abb. 35: Hydrauliksimulation

nur mit Werkprüfzeugnis geliefert werden, kritische Maße und Herstellungsparameter sind im Rahmen statistischer Prozeßregelung zu steuern.

Vor Beginn der Serienfertigung müssen Erstmuster zur Prüfung vorgestellt werden. Nach Gut-Befund wird die Serienfertigung freigegeben. Die Qualität der Fertigungsteile wird computerunterstützt (Computer Aided Quality: CAQ) gesichert. Im einzelnen erfolgen:

Computergestützte Qualitätssicherung

- eine QM-Planerstellung nach den Vorgaben von Spezifikation, Zeichnung und Konstruktions- bzw. Prozeß-FMEA (s.u.),
- die Gewichtung der Prüfmerkmale in kritische, Haupt- und Nebenmerkmale,
- eine Zuordnung der Meßmittel,
- die Festlegung der Prüfhäufigkeit mit dynamisiertem Stichprobenplan.

Produktprüfung

Fehlerquellen analysieren

Um die Qualität von Magneten und Magnetsystemen zu garantieren und das Auftreten von Fehlern zu vermeiden, wird eine *Konstruktions- und Prozeß-FMEA* (Fehlermöglichkeits- und -einflußanalyse) durchgeführt. Das Produktteam identifiziert mögliche Fehlerquellen, ermittelt deren Wahrscheinlichkeit und Bedeutung für den Kunden und legt geeignete Abstell- und gegebenenfalls auch Prüfmaßnahmen fest. Die Prüfplanung erfolgt wie bei Einzelteilen nach den Vorgaben von Spezifikationen, Zeichnungen und FMEAs. Die Prozeßfähigkeit wird durch die Fertigung einer zwei-Tages-Produktion unter Serienbedingungen nachgewiesen.

Vor Aufnahme der Serienproduktion werden dem Kunden Erstmuster zur Serienfreigabe vorgestellt. Die Ergebnisse werden für den Kunden in einem Erstmusterprüfbericht dokumentiert. Während der Serienproduktion werden *Funktionsprüfungen* in der Montagelinie automatisch und zu 100% durchgeführt und die Meßergebnisse online in das CAQ-System übertragen, ausgewertet und dokumentiert.

Qualität durch optimierte Montage

Herkömmlich wird in einer Montagelinie an den verschiedenen Bearbeitungsstationen stets eine größere Stückzahl produziert und dann an die nächste Station weitergereicht. Zeigt sich bei einer abschließenden Prüfung ein Mangel, betrifft er gleich eine größere Menge von Werkstücken, die dann wieder demontiert und nachgearbeitet werden müssen. Demgegenüber funktionieren Steh-Geh-Montagelinien nach dem Prinzip der *Ein-Stück-Fließfertigung* (Abb. 36).

Ein-Stück-Montage

Für einen Produktionsabschnitt wie z.B. die Hauptmontage werden das benötigte Material und alle notwendigen Maschinen und Arbeitsplätze entsprechend der Fertigungsfolge in U-Form aufgestellt. Notwendige Prüfungen werden ebenfalls integriert. Die Mitarbeiter führen an einem Produkt alle Fertigungs- und Prüfschritte eines Produktionsabschnitts unmittelbar nacheinander durch, indem sie von Station zu Station gehen. Sie führen beispielsweise stehend einen manuellen Montagevorgang durch und gehen danach sofort zum nächsten Arbeitsprozeß, z.B. dem Bestücken und Starten einer Maschine.

Montieren und Prüfen

Manuelle und maschinelle Vorgänge sind also voneinander entkoppelt. Die Maschinen arbeiten autonom und selbstüberwachend. Somit entfällt während der Maschinenlaufzeit die Überwachung durch den Bediener. Durch den Ein-Stück-Fluß gibt es keine Bestände zwischen den Fertigungsschritten. Die Durchlaufzeiten sind stark reduziert. Fehler werden schnell entdeckt, weil zwischen dem ersten Arbeitsgang und der Endprüfung nur wenige

Chargenausschuß unmöglich

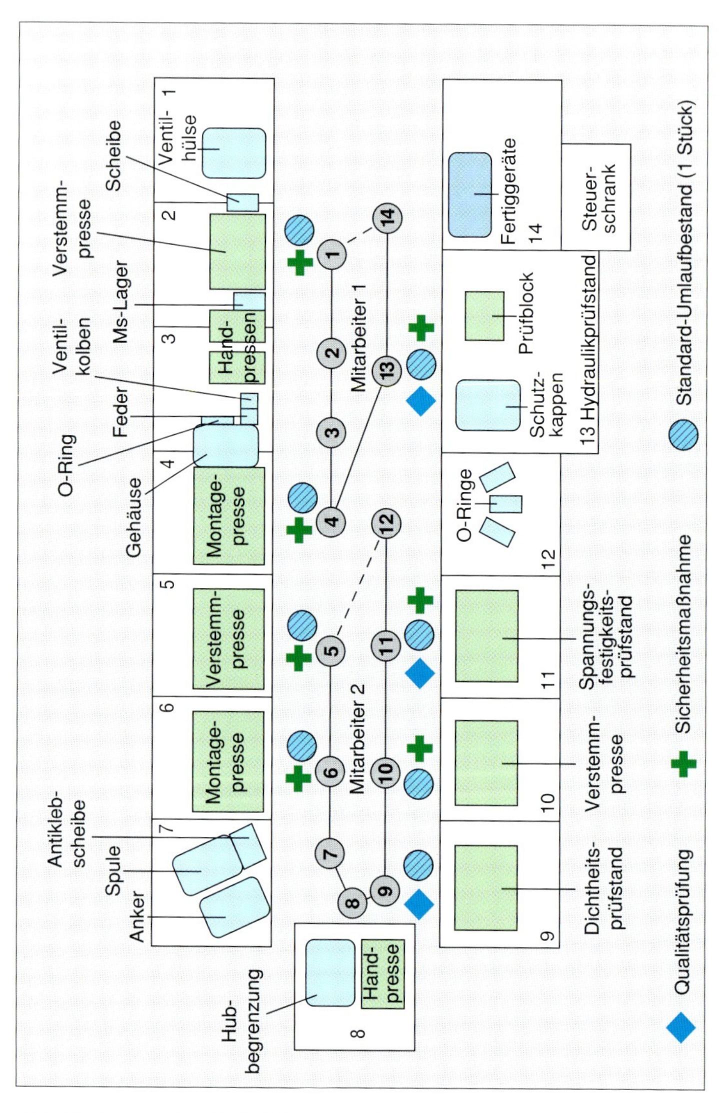

Abb. 36: Layout einer Steh-Geh-Montagelinie für ein Proportional-Druckminderventil

Minuten vergehen; ein Chargenausschuß ist also unmöglich.
Die Mitarbeiterzahl einer Linie kann ohne Layoutänderung durch entsprechendes Aufteilen der Arbeitsinhalte variiert werden. Hierdurch wird die Taktzeit auf den täglichen Kundenbedarf abgestimmt. Die Lagerhaltung der Einzelteile erfolgt direkt an der Fertigungslinie mittels First-in-first-out-Regalen. Mit dieser Montagemethode erzielt man folgende *Vorteile:*

- bessere Qualität,
- kürzere Durchlaufzeiten,
- niedrigere Montage- und Prüfkosten sowie
- niedrigere Investitionskosten für Montage- und Prüfbetriebsmittel.

Aktuelle und künftige Entwicklungen

Die Entwicklung und Produktion von elektromagnetischen Aktoren hat sich nicht nur im Rahmen des Lastenheftes an den Kundenwünschen zu orientieren. Die Marktgegebenheiten fordern vom Hersteller vielmehr

- Preisreduzierungen,
- Variationsmöglichkeiten zu niedrigen Kosten,
- Null-Fehler,
- kürzere Entwicklungszeiten,
- kürzere Lieferzeiten,
- taggenaue Lieferungen und
- eine enge Zusammenarbeit mit dem Kunden während der Entwicklungszeit.

Mehr Subsysteme

In Zukunft werden noch mehr als bisher Subsysteme entwickelt werden, um hydraulische, mechanische und elektronische Funktionen in den »Elektromagneten« zu integrieren. Das Augenmerk wird dabei auf geringeres Bauvolumen und Gewicht, auf das Senken der aufgenommenen elektrischen Leistung sowie auf eine höhere Dynamik und reduzierte Kosten zu richten sein.

Außerdem müssen neue verschleißärmere Lager zur Verfügung stehen. Auch die Fertigungstoleranzen sind weiter zu verringern. Neue Unter-

Schnellere Entwicklung

nehmensstrategien wie das *Simultaneous Engineering* sollen die Entwicklungszeiten weiter verkürzen. Zu entwickeln sind noch rationellere und prozeßsicherere Fertigungs-, Montage- und Prüfverfahren.

Fachbegriffe

Diamagnetismus Im äußeren magnetischen Feld induzierter Magnetismus, der bei allen Stoffen auftritt.

F&E Abk. v. Forschung und Entwicklung.

Ferrimagnetismus Nicht spontaner, »verborgener« Magnetismus mit gleicher Spinorientierung wie der Ferromagnetismus, der ferromagnetisches Verhalten zeigt.

Ferromagnetismus Spontane Magnetisierung von Feststoffen wie Eisen, Nickel, Kobalt oder Legierungen, die mit zunehmender Temperatur abnimmt.

HFPPRV Abk. v. engl. High-Flow-Proportional-Pressure-Reducing-Valve, dt. Proportional-Druckminderventil für hohe Volumenströme.

Magnetfeldschwächende Stoffe Diamagnetische, also zunächst nicht magnetische Stoffe, die in einem Magnetfeld eine Magnetisierung erhalten.

Magnetische Feldstärke Früher auch: magnetische Erregung.

Magnetische Induktion Auch: magnetische Flußdichte.

Magnetischer Fluß Das über eine Fläche erstreckte Integral der magnetischen Flußdichte.

Magnetischer Kreis Der in sich geschlossene Pfad für die magnetischen Kraftlinien im Elektromagneten.

Magnetische Spannung Linienintegral der → magnetischen Feldstärke von einem Anfangs- zu einem Endpunkt einer Wegkurve. Fallen Anfangs- und Endpunkt zusammen, erhält man die Umlaufspannung.

Wegeventil Z.B. 3/2-Wegeventil: Ventil mit drei Anschlüssen (Wegen) und zwei Schaltstellungen.

Paramagnetismus Phänomen in Stoffen, die in einem Magnetfeld eine Magnetisierung annehmen und im äußeren magnetischen Feld eine temperaturabhängige Magnetisierung in Feldrichtung zeigen.

QM Abk. v. engl. Quality Management, dt. Qualitätsplanung und -sicherung.

Spin Eigendrehimpuls eines Elektrons.

Weisssche Bezirke Kleinste magnetisch abgesättigte Bereiche innerhalb der Kristallite von ferromagnetischen Stoffen.

Wirbelstrom Der bei der Bewegung eines Leiters in einem Magnetfeld induzierte Strom.